GELASSENHEIT IM HUNDETRAINING

Inklusive Trainings-VIDEOS

Anja Petrick

Hrsg. DER HUND

DER HUND Wissen

Auf Augenhöhe, fair und positiv

Müller Rüschlikon

Einbandgestaltung: R2 I Ravenstein, Verden

Titelbild und Foto auf der Umschlagrückseite: Sigrid Meissner

Bildnachweis: alle Bilder soweit nicht anders gekennzeichnet von Anja Petrick.

Alle Angaben in diesem Buch wurden nach bestem Wissen und Gewissen gemacht. Für einen eventuellen Missbrauch der Informationen in diesem Buch können weder die Autorin noch der Verlag oder die Vertreiber des Buches zur Verantwortung gezogen werden. Eine Haftung für Personen-, Sach- und Vermögensschäden ist ausgeschlossen.

Dieses Buch wurde nach den geltenden Vorschriften der General Product Safety Regulation (GPSR) entwickelt. Bei Fragen oder Problemen wenden Sie sich bitte an den Verlag unter folgender E-Mail-Adresse: gpsr@paul-pietsch-verlage.de

ISBN 978-3-275-02359-2

1. Auflage 2025

Sie finden uns im Internet unter www.mueller-rueschlikon-verlag.de

Gesamtleitung: Claudia König
Lektorat: Redaktion DER HUND
Innengestaltung: r2 | Ravenstein, Verden
Druck und Bindung: Graspo CZ, 76302 Zlin
Printed in Czech Republic

INHALT

** Hier liest du jeweils die ganz persönliche Geschichte.*

Foto: Annegret Hesema

VORWORT

Anjas Geschichte könnte auch meine Geschichte sein oder die Geschichte von vielen anderen Menschen, die sich einen Hund holen und selbstverständlich in eine Hundeschule gehen, um ihren Hund zu erziehen.

Foto: Michele Baldioli

Doch so oft begegnen wir in Hundeschulen einer Erziehung, die auf Schreck- oder Schmerzreizen basiert. Aber was macht eine Erziehung, die nicht auf Zuwendung basiert, sondern auf Schmerzen und Bedrohung beruht, mit dem Hund? Was macht sie mit uns Menschen?

Anja gibt einen Einblick in das, was Gewalt in der Hundeerziehung ausmacht und warum wir Menschen immer noch so einen Umgang mit dem Hund pflegen. Anja gibt Raum, sich selbst zu hinterfragen. Könnte es sein, dass mein Tierschutzhund gar nicht so dankbar ist und könnte es sein, dass das sogar völlig normal ist? Könnte es sein, dass mein Umgang mit dem Hund vielleicht doch gewaltsam ist, auch wenn ich das eigentlich nicht sehen möchte?

Ich selbst habe früher einen meiner Hunde noch mies behandelt, weil er massives Aggressionsverhalten gezeigt hat. Einfach aus Hilflosigkeit. Dabei war ich zu dem Zeitpunkt schon eine »nettere« Trainerin als in den Jahren zuvor. Solange einem das Wissen fehlt, reicht der Entschluss, auf Gewalt verzichten zu wollen, einfach nicht aus. Und auch bei mir hat es irgendwann »Klick« gemacht. Wenn ich doch früher gewusst hätte, dass mein Hund nicht »brav« ist, wenn er mir auf dem Bauch entgegengekrochen kommt, sondern aus Stress heraus beschwichtigende Signale sendet. Wenn ich doch früher gewusst hätte, wie ich besser, freundlicher, fairer erziehe.

Um nett mit dem Hund umgehen zu können, müssen wir Menschen unser erlerntes, oft negatives Bild vom Hund wieder verlernen und bewusst einen wohlwollenden Blick auf den Hund werfen. Aber wenn Anja das konnte und wenn ich das konnte, dann kannst du das auch.

Viel Erfolg wünscht dir dabei: **Sonja Meiburg**
Autorin und Hundetrainerin

VORWORT

Manche Hunde kommen in unser Leben, damit wir ihnen weiterhelfen. Manche Hunde kommen in unser Leben und sind nur eine kurze Zeit bei uns. Wir sind quasi eine Zwischenstation, bevor sie an den richtigen Platz und zu den richtigen Menschen weitergehen können. Und manche Hunde kommen in unser Leben, um uns zu verändern, uns zu helfen, unser Leben auf den Kopf zu stellen. Manchmal merkt man diese Veränderung kaum, da es ein schleichender Prozess ist. Manchmal geht es Knall auf Fall.

Als Linus in mein Leben kam, habe ich am Anfang gar nicht gemerkt, was da in Bewegung geraten ist. Er war über 14 Jahre an meiner Seite und hat mir nach und nach gezeigt, wer ich bin, wer ich sein möchte und wer ich nicht sein möchte. Ich habe über ihn gelernt, dass Seiten in mir schlummern, die ich nicht besonders mag. Und dass ich diese Seiten annehmen kann. Er war ein Meister im Verzeihen und ein großer Lehrer der Hundesprache. Er war und ist mein Herzenshund.

Dieses Buch soll einen Teil meines Weges mit Linus erzählen und so einem Zweck dienen: anderen Menschen ihre Hunde näherzubringen, sich selbst ein bisschen besser zu verstehen und vom gewaltfreien Weg mit Hunden, bzw. allen Lebewesen, zu überzeugen. Wobei ich das Wort »gewaltfrei« nicht besonders mag, denn dort steckt immer noch Gewalt drin. Vielleicht beschreibt es faires Training, achtsames Leben mit Hunden besser. Aber die meisten Menschen werden eher eine Vorstellung haben, um was es geht, wenn ich das Ganze gewaltfreies Training nenne.

Dies ist also meine Geschichte vom gewaltvollen Weg zum fairen Umgang mit Hunden. Danke, Linus. Für alles. Du hast mir mehr als nur den richtigen Umgang mit Hunden gezeigt.

Mach's dir gemütlich, vielleicht mit deinen Hund und tauch ein – ich freu mich, dass du da bist!

Deine Anja

Foto: Sigrid Meissner

Wie du dieses Buch lesen kannst

In diesem Buch vereinen sich 2 Dinge: **meine persönliche Geschichte** zum einen, **die fachliche Seite**, die dahintersteht, zum anderen.

Du kannst zwischen den fachlichen Themen springen oder dir bestimmte Abschnitte später noch einmal vornehmen, ohne meine Geschichte zu kennen. Diese gibt dir noch persönlichere Einblicke, um besser zu verstehen, warum Menschen nicht immer gut mit ihren Tieren umgehen. Und sie soll ein Lichtblick für alle sein, die sich auf ihrem ganz eigenen Weg mit ihrem Hund befinden.

VIDEOLINKS in diesem Buch …

… führen dich zu kurzen Aufzeichnungen, die Situationen erklären oder auch den Übungsaufbau

Kapitel

1

WAS SOLL BEIM ERSTEN HUND SCHON SCHIEFGEHEN?

Wir schauen nur mal im Tierheim vorbei

Es ist die Jahrtausendwende. Wladimir Putin zieht in den Kreml ein, die erste Popstars-Staffel bringt uns den »No Angels«-Ohrwurm für die nächsten 10 Jahre – und das Nokia 3310 wird zum Statussymbol für alle, die schon mal Snake auf Level 9 gespielt haben. (Für alle unter 30: Das war ein Handy. Kein faltbares Mini-Tablet, sondern ein echtes Knochen-Modell mit Tasten und einem Akku, der notfalls auch einen Kurzurlaub überlebt hat.) Während draußen auf der Welt das große Zukunftsrad gedreht wird, dreht sich bei uns alles um eine ganz andere Frage: Wollen wir einen Hund? Keine Weltrevolution, aber für uns eine spannende Entscheidung: Mit dem Umzug in ein Häuschen mitten auf dem Land sollte früher oder später auch ein Hund in unser Leben einziehen.

In unserer Vorstellung bereicherte dieser Hund unser Leben, ging mit zur Arbeit und fügte sich nahtlos ein. Ich bin mit Hunden groß geworden, und auch in der Familie meines Mannes gab es Hunde – also die perfekten Voraussetzungen. Dachten wir jedenfalls.

Aus heutiger Sicht würde ich natürlich anders herangehen, aber eines sei vorweggenommen: Linus hat es uns in dieser Hinsicht wirklich leichtgemacht. Ich war damals 23 Jahre alt, frisch verheiratet und mit meinem Mann ein Jahr vorher von Bielefeld nach Bayern gezogen. Wir arbeiteten beide frei in der Fernsehbranche, mein Mann als Videotechniker und ich wusste noch nicht so richtig, wo der Weg hingehen sollte. Ich war als Kameraassistentin, Kamerafrau für einfache Drehs und Videoassistentin unterwegs, machte ein Praktikum bei einem Filmkameraverleih (weil ich gerne zum Film wollte) und nahm jeden Job an, den ich in dem Bereich bekommen konnte.

Wir waren bei verschiedenen »Versteckte Kamera«-Formaten dabei und die Kollegen von der Baubühne hatten oft ihren Hund Lukas dabei. Also nahmen wir uns vor, es genauso zu machen, damit unser geplanter Hund nicht alleine bleiben musste. Ein bisschen naiv waren wir da schon

Nachdem wir also den Mietvertrag für das neue Häuschen unterschrieben hatten, fingen wir an, uns die Tierheime in der Umgebung anzuschauen und die Hunde, die dort zur Vermittlung standen. Dabei hatten wir uns noch gar nicht entschieden, ob wir wirklich zu diesem Zeitpunkt einen Hund adoptieren wollten, dachten aber, dass es schlau ist, wenn wir uns über die verschiedenen Möglichkeiten informieren. Im Tierheim Rottach-Egern wurde uns gesagt, sie hätten einen Berner-Sennen/Schäferhund-Mischling, der ein knappes Jahr alt sei. Mein damaliger Mann meinte, das wäre ja die perfekte Mischung, er wollte immer einen Berner Sennen oder einen Schäferhund haben. Wir könnten doch einfach mal hinfahren und uns den Hund und das Tierheim anschauen.

Mit diesen Voraussetzungen kamen wir im Tierheim an, und ganz hinten rechts im letzten Zwinger lag Linus. Um uns herum wurde gebellt und an die Gitter gesprungen. Linus lag bloß da und streckte seine Schnauze unter den Gitterstäben durch. Und sich in unser Herz hinein. Damals hieß er noch Arco und hatte laut der Pfleger schon eine Nacht draußen bei minus 20 Grad verbracht. Nach seinem »Freigang« im Gehege hatte er sich nicht mehr einfangen lassen und weigerte sich, ins Hundehaus zu gehen. Die Vorliebe fürs Schlafen im Schnee und sich dabei einschneien zu lassen, hat er sein Leben lang beibehalten.

Er hatte kaum einen Bezug zu Menschen, andere Hunde hingegen fand er toll. Mit einem Jahr wurde er ins Tierheim abgegeben. Soweit wir wissen, lebte er bis dahin auf einem Bauernhof bei einem nicht allzu freundlichen Bauern, der sich kaum um ihn gekümmert hatte. Er hatte also keinen dramatischen Start ins Leben, aber auch keinen besonders positiven und kannte kaum etwas.

Nach dem ersten Spaziergang stand fest: Das ist unser Hund! Wir liefen mit ihm durchs verschneite Oberland, warfen ihm Schneebälle, mit denen er nichts anzufangen wusste, und haderten mit jedem Tag, an dem wir nicht bei ihm sein konnten. Denn wir mussten noch 4 Wochen warten, bis der Umzug ins Häuschen anstand – es ergab einfach keinen Sinn, ihn vorher zu holen. Dann war es endlich so weit, und Linus zog bei uns ein. Der erste eigene Hund.

Weil mein Mann beruflich viel unterwegs war, übernahm ich von Anfang an die Hauptverantwortung. Und so ließ ich mich in den ersten Wochen von diesem großen Kerl die bayerischen Berge rauf und runterziehen. Wir stapften gemeinsam durch den tiefen Schnee, und meine Garderobe passte sich schnell meinem neuen Leben an: Ich lernte, dass Schneeketten für Schuhe sehr sinnvoll sind, wenn man in schneereichem Gebiet mit einem großen Hund lebt, der keine Rücksicht auf vereiste Wege oder menschliche Standfestigkeit nimmt ... Sie retteten mich mehr als einmal davor, einfach hinter ihm her zu rutschen.

Ich lernte Linus allmählich besser kennen: Er war noch zu dünn, fraß aber immer nur so viel, wie er tatsächlich brauchte. Oft ließ er sein Futter einfach stehen – oder fraß nur die Hälfte. Ich probierte verschiedene Sorten durch, bis wir bei einem landeten, dass er immerhin meistens mochte.

Andere Hunde fand Linus nach wie vor super, und er wollte jeden begrüßen (ein Hoch auf die Schneeketten für Schuhe!). Menschen gegenüber war er etwas reserviert, vertraute uns aber von Tag zu Tag mehr. Er freute sich, wenn wir nach Hause kamen, und hüpfte vor Aufregung, wenn ich die Leine in die Hand nahm und klar war, dass wir jetzt eine große Runde gehen. Nachdem Linus bisher in seinem Leben noch nicht besonders viel kennengelernt hatte, war alles für ihn spannend. Wenn ich vom Einkaufen kam, wurden die Taschen inspiziert. Hatte ich etwas Neues in der Hand, wurde es ausgiebig abgeschnüffelt und begutachtet.

Der Schnee war sein Element – er liebte ihn über alles. Und er liebte es zu kuscheln. Wenn sich einer von uns zu ihm legte, schmiegte er sich ganz dicht an uns und fing kurz darauf an zu schnarchen. Im Gegensatz zum Schnarchen eines Menschen hat das Schnorcheln von Hunden – wie ich finde – eine sehr beruhigende Wirkung.

Das erste halbe Jahr bellte Linus kein einziges Mal. Mein Mann war ja öfter für längere Zeiträume nicht zu Hause, und ich gestehe: Ich war nachts ein bisschen ängstlich, alleine in dem Haus mitten im Nirgendwo. Also beschloss ich, Linus das Bellen beizubringen.

Bei diesem Vorhaben gab es nur ein Problem: Wenn Linus aufgeregt war, nießte er. Und genau das tat er auch, wenn ich versuchte, ihm das Bellen beizubringen – er wusste nicht, was ich von ihm wollte, war deswegen aufgeregt, und somit endete der Versuch, ihm das Bellen beizubringen, darin, dass er auf Signal hin niesen, aber nicht bellen konnte. Als er das Bellen ein halbes Jahr später für sich entdeckte, tat er dies viel und ausdauernd. Auch gerne mitten in der Nacht, wenn irgendwo ein Eichhörnchen durch die Bäume sprang.

Um in der ersten Zeit alles richtig zu machen, meldete ich uns bei dem Hundeverein an, den uns das Tierheim empfohlen hatte. Zu dem Zeitpunkt war Linus einige Monate bei uns, und wir spielten uns im Alltag langsam ein. Auf die Idee, mich gründlich über Hundeschulen und deren Art zu trainieren, zu informieren, bin ich damals gar nicht gekommen. Es war Anfang 2000, und die Praxis, alles zu googeln, gab es (zumindest in meiner Welt) noch nicht, und ich vertraute auf das Tierheim und deren Trainerempfehlung.

Einige Wochen nach seinem Einzug ging es zu unserer ersten Stunde. Ich war etwas aufgeregt, weil ich nicht wusste, was uns erwartete, freute mich aber auch darauf.

Die Sache mit dem Hundeplatz

Am Hundeplatz standen vielleicht 10 Menschen etwas unsicher mit ihren Hunden bei ihren Autos und warteten gespannt darauf, was passieren sollte. Die Gruppe bestand aus ganz verschiedenen Hunden, von unserem großen Linus bis hin zu einer winzigen schwarzen Hündin war alles dabei. Die Hundetrainerin erschien und holte – auf einer Stange aufgereiht – Kettenwürger in allen Größen aus ihrem Auto. Diese gab sie an alle aus, mit der Erklärung, dass die Kettenhalsbänder notwendig zur Erziehung unserer Hunde seien.

Der kleinen schwarzen Hündin war der Kettenwürger fast zu schwer – ihr Köpfchen hing sofort nach unten, und der Blick von ihr hat sich in meine Erinnerung gebrannt. Damals haben alle über den betroffenen Ausdruck in ihrem Gesicht gelacht; heute wird mir schlecht, wenn ich daran denke. Ein Ehepaar mit einer Eurasier Hündin setzte durch, dass sie diese am Geschirr führen durften, da es aus ihrer Sicht bei der Rasse nicht anders ginge. Sie wurden von uns allen belächelt und hatten mehr als eine Diskussion mit der Trainerin darüber.

Rückblickend hätte ich Linus spätestens zu diesem Zeitpunkt ins Auto packen und nach Hause fahren sollen. Leider hatte ich damals nicht das Wissen, das ich jetzt habe, um zu erfassen, was ich Linus dort angetan habe. Stattdessen fühlte ich mich gut. Ich war umgeben von Gleichgesinnten, wollte meinen Hund »im Griff« haben.

Wir stellten uns also mit unseren Hunden in einer Reihe auf dem Platz auf. Die Hunde durften untereinander keinen Kontakt haben und während wir die Einführung bekamen, was wir üben würden, fanden um uns herum noch andere Stunden statt. Da der Platz sehr groß war, übten mehrere Gruppen gleichzeitig und es herrschte ziemlich viel Betrieb. Mittendrin standen wir »Neulinge«.

Die Trainerin war nicht besonders freundlich und maulte uns regelmäßig an, wenn wir etwas nicht richtigmachten. Dabei sagte sie uns nur, was wir falsch machten – eine Anleitung, wie wir es besser machen könnten, gab es fast nie. Deshalb versuchten wir uns abzuschauen, wie die anderen mit ihren Hunden trainierten, und kamen irgendwann über Versuch und Irrtum zum Ziel. Wir marschierten eine Stunde lang im Kreis, die Hunde wurden an 1-Meter-Leinen und Kettenwürgern geführt, und für jedes (vermeintliche) Fehlverhalten gab es einen starken Leinenruck. Wenn Linus etwas richtiggemacht hatte, durfte ich ihn mit einem Leckerchen belohnen.

Meine Leckerchen bestanden aus ziemlich großen, trockenen Hundekeksen, die Linus nur mittelmäßig spannend fand. Viel toller fand er die Leckerchen einer anderen Halterin und stand immer wieder sabbernd vor ihr, während ich versuchte, ihn im »Bei Fuß« an ihr vorbeizuführen. Meine Frage nach der Marke der tollen Leckerchen bekam die Trainerin mit, woraufhin ich eine Ansage bekam, warum ich keine Ahnung von vernünftigen Belohnungshappen habe. Einen Tipp, was ich hätte nutzen können, gab es nicht.

Linus und mir ging es also ähnlich – wir beide wussten nicht, was von uns verlangt wurde, und wir beide wurden runtergemacht, wenn wir etwas falsch machten. Nur hatte mein Hund keine Wahl, ob er das über sich ergehen lassen will, und für ihn waren die Strafen deutlich schmerzhafter … Es wurde nach Zuckerbrot und Peitsche gearbeitet, wobei die Peitsche häufiger zum Einsatz kam. Die Hunde wurden immer wieder in Situationen gebracht, die sie nicht schaffen konnten, um sie dann zu »korrigieren«.

Anstatt Linus erst einmal ins »Fuß« zu locken und schnell dafür zu belohnen, wenn er in der richtigen Position war, gab es den scharfen Befehl »Fuß« mit einem Leinenruck, und das wurde direkt wiederholt, wenn er sich aus der Position an meiner Seite wegbewegen wollte. Die Hunde hatten sich eine Stunde lang komplett auf ihren Menschen zu konzentrieren und sollten immer erahnen, wenn wir die Richtung wechselten oder abrupt stehenblieben. Wenn Linus in dem Moment zu einem anderen Hund hinschaute oder schnüffeln wollte, wurde er sofort wieder geruckt, bis er sich nicht mehr traute, etwas anderes zu tun, als auf mich zu achten. Durch die nicht angekündigten und sehr plötzlich erfolgten Richtungswechsel war ich für ihn vollkommen unberechenbar geworden. Er hatte ja noch gar keine Ahnung, was von ihm erwartet wurde.

Eine Übung, die zeigen sollte wie gut die Bindung unseres Hundes zu uns ist, bestand daraus, dass sich alle im Kreis um die Hundetrainerin stellten. Dann wurde der eigene Hund der Trainerin in die Hand gedrückt und man selbst ging einmal außen um den Kreis herum. Wenn der Hund dem Halter nachschaute, sei die Bindung sehr gut. Wenn nicht, habe der Mensch etwas falsch gemacht, und die Bindung wäre nicht gut.

Linus versuchte verzweifelt, von der Trainerin weg und zu mir zu kommen, woraufhin ich sehr stolz zu hören bekam, dass unsere Bindung offensichtlich sehr gut sei. Bei all den Übungen, die wir mit unseren Hunden machten, und den Methoden, die angewendet wurden, wurde nie erklärt, warum so und nicht anders mit den Hunden gearbeitet wurde und warum diese Art des Umgangs funktionierte.

Auf dem Hundeplatz ging ich gar nicht gut mit ihm um – zuhause wurde dann gekuschelt. Ein Paradoxon.

Es wurde nicht erklärt, warum der Kettenwürger möglichst weit oben am Kopf hinter den Ohren festgestellt wurde. Heute weiß ich, dass dies eine extrem schmerzempfindliche Stelle bei Hunden ist. Was uns gesagt wurde, war, dass es ja kein richtiger Würger sei, da wir das Kettenhalsband nicht auf Würgen eingestellt hatten, sondern es enganliegend und fest eingestellt sei, sodass es »gut« säße und nicht würgen könne. Ich glaubte dieser Erklärung und wiederholte sie auch, als Freunde mich danach fragten. Die Trainerinnen und Trainer dort waren ja Fachleute, denen ich vertraute.

Stachelhalsbänder sind zum Glück mittlerweile verboten

Auf dem Hundeplatz selbst durften die Hunde ihre Geschäfte nicht verrichten. Passierte dies doch, mussten wir Hundehalter 5 € in die Vereinskasse bezahlen und wurden angepflaumt. Das führte dazu, dass alle ihre Hunde wegzerrten, sobald es so aussah, als ob er sich hinhocken oder das Bein heben wollte, um schnell vom Platz zu flüchten. Ich habe mehr als einen Hund gesehen, der dringend musste und während des Kotens vom Platz geschleift wurde.

Ich ging dort jede Woche hin, 2 Jahre lang. Teilweise im strömenden Regen. Ich machte bei Vereinsfesten mit, spielte 2x den Krampus und half, den Platz im Frühjahr wieder schön zu machen. Linus bestand die BH-B, die Begleithundeprüfung ohne Schuss.

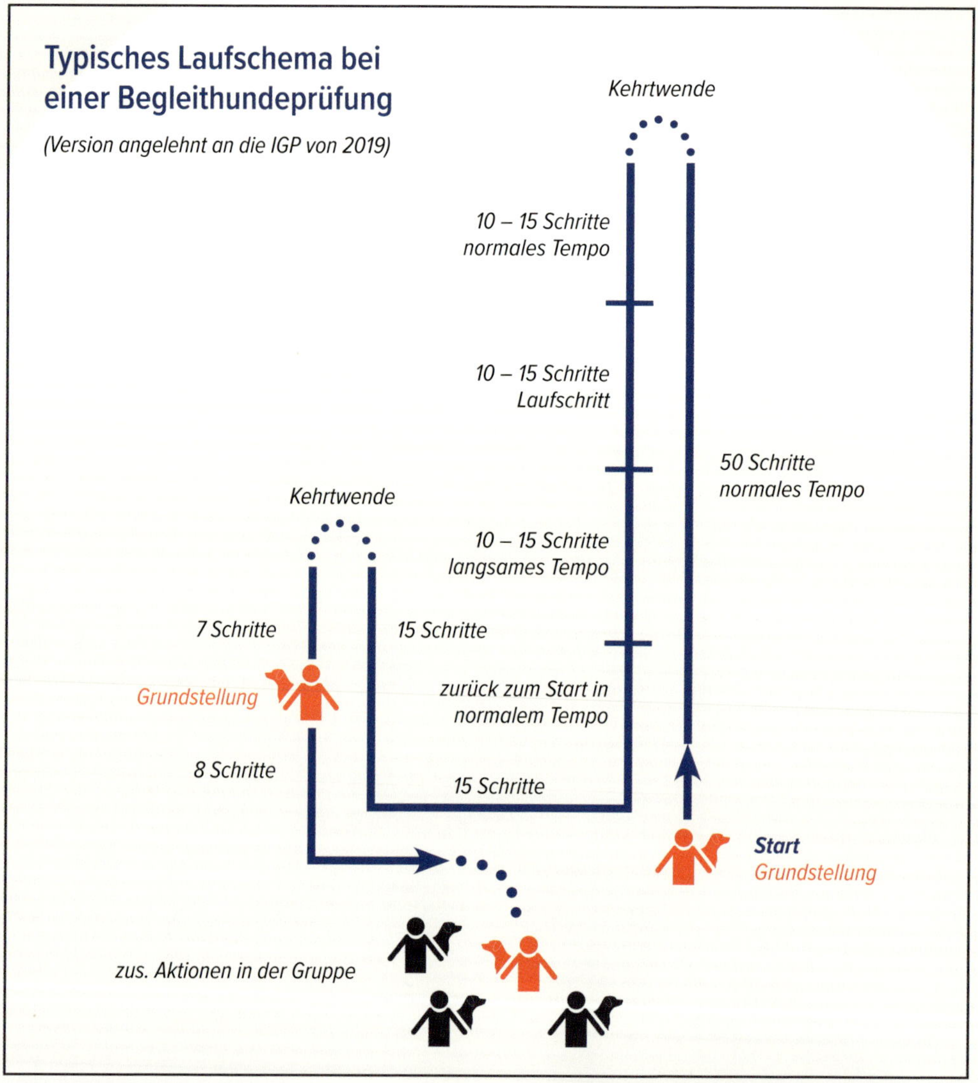

Ich wollte diese Prüfung gerne machen, um etwas in der Hand zu haben, und weil alle anderen in meinem Kurs auch dabei waren. Wenn ich weiter im Verein bleiben wollte, war es außerdem Pflicht, die Prüfung zu machen, um sich im Anschluss für Agility oder Schutzdienst (heute IGP) zu entscheiden.

Die Prüfung besteht aus einem bestimmten Laufschema, welches vor der Prüfung trainiert wird. Sie wird immer in Zweierteams abgefragt: Während ein Team das Schema läuft, liegt der Hund des anderen Teams im »Bleib« 30 Schritte von seinem Halter entfernt. Dieser steht mit dem Rücken zum Hund und darf keinen Blickkontakt zu ihm halten. Das Schema wird einmal an der Leine und einmal in der sogenannten Freifolge, also ohne Leine, gelaufen. Letzten Endes lernen die Hunde – genau wie ihre Halter – das Schema einfach auswendig. Mit dem wirklichen Leben hat das rein gar nichts zu tun.

Einmal fielen wir durch und durften es dann noch mal probieren; beim zweiten Mal klappte es. Danach fingen wir mit der Ausbildung zum Schutzhund an. Es stellte sich heraus, dass weder Linus noch ich dazu geeignet waren.

In diesen 2 Jahren ruckte ich an Linus herum, machte ihn herunter, führte ihn sogar 1-2-mal am Stachelhalsband. Ich ließ es zu, dass ein Trainer ihn am Stachelhalsband ins Platz ruckte, weil Linus nicht liegen bleiben und zu mir zu kommen wollte, wenn ich mich von ihm entfernte.

Heute frage ich mich: **Warum habe ich das alles mitgemacht? Warum habe ich Linus dem ausgesetzt? Und warum fühlte es sich damals sogar richtig an – fast ein bisschen machtvoll?**

Ein Teil der Antwort ist einfach: Ich wusste es nicht besser. Ich dachte, Hunde müssen so erzogen werden – über Strenge, Druck und Leckerchen. Alles andere galt als »weich« oder als Einladung zur Anarchie auf 4 Pfoten. Und ich hatte einen großen, schwarzen Hund. Der musste doch »funktionieren«. Oder? Ein anderer Teil in mir glaubte den Menschen, die sich als Expertinnen und Experten ausgaben. Ich hörte auf das, was mir gesagt wurde – ohne es zu hinterfragen. Denn selbst hatte ich keine Ahnung, wie man Hunde wirklich versteht und trainiert.

Heute weiß ich es besser. Und genau deshalb geht es jetzt darum, ein paar Dinge grundsätzlich zu klären.

Stachelhalsband

Seit dem 01. Januar 2006 sind Stachelhalsbänder und ähnliche Hilfsmittel laut Tierschutzgesetz § 3 Nr. 5 verboten. Diese Vorschrift untersagt den Einsatz von Geräten, die Schmerzen, Leiden oder Schäden verursachen. Dazu gehört auch der Verkauf oder Besitz, wenn diese zum Gebrauch an Tieren vorgesehen sind.

Kapitel

2

IRGENDWAS STIMMT NICHT

Warum Strafe so oft als »Training« verkauft wird

Definition Gewalt

Als Gewalt (von althochdeutsch waltan »stark sein, beherrschen«) werden Handlungen, Vorgänge und soziale Zusammenhänge bezeichnet, in denen oder durch die auf Menschen, Tiere oder Gegenstände beeinflussend, verändernd oder schädigend eingewirkt wird. Gemeint ist das Vermögen zur Durchführung einer Handlung, die den inneren oder wesentlichen Kern einer Angelegenheit oder Struktur (be)trifft.

Quelle: Wikipedia

Die Weltgesundheitsorganisation definiert Gewalt in dem Bericht »Gewalt und Gesundheit« (2002) wie folgt: *»Gewalt ist der tatsächliche oder angedrohte absichtliche Gebrauch von physischer oder psychologischer Kraft oder Macht, die gegen die eigene oder eine andere Person, gegen eine Gruppe oder Gemeinschaft gerichtet ist und die tatsächlich oder mit hoher Wahrscheinlichkeit zu Verletzungen, Tod, psychischen Schäden, Fehlentwicklung oder Deprivation führt.«*

Diese Definitionen klingen erstmal weit entfernt vom Alltag mit Hund. Doch die Realität sieht anders aus. Ich erinnere mich noch gut an die Trainingsstunden mit Linus. Damals hätte ich nie gesagt, dass ich ihn mit »Gewalt« erziehe. Es war doch nur ein kleiner Ruck. Ich dachte, das müsse so sein – weil ich es nicht besser wusste. Und weil ich meinen Hund im Griff haben wollte. Denn: Je schneller er lernte, umso schneller konnte ich ihm wieder mehr Freiheiten geben, dachte ich.

Heute weiß ich, dass viele dieser Handlungen genau das sind: Formen von Gewalt. Mal körperlich, mal psychisch – oft beides. Und sie wirken. Nicht nur auf unsere Hunde, sondern auch auf die Bindung zu uns, auf ihr Verhalten und auf ihre Gesundheit.

Wie genau sieht das im Hundetraining aus – wenn Strafe der Weg ist, den man geht? Im Folgenden erkläre ich dir anhand einiger Beispiele, wie bestimmte Verhaltensweisen über Druck trainiert werden – so, wie ich sie selbst erlebt habe oder wie sie bis heute vielerorts gelehrt werden. Später wirst du diese Beispiele wiederfinden – dort erkläre ich, wie du genau diese Dinge bedürfnisorientiert trainieren kannst.

Beispiel 1: »Bei Fuß«

Das Ziel: Der Hund soll exakt neben seinem Menschen laufen, idealerweise mit seiner Schulter auf Kniehöhe. Geführt wird er an einem Halsband oder Kettenwürger, die Leine ist kurz, meist etwa ein Meter. Der Hund bekommt in scharfem Ton das Kommando »Fuß« – das »ß« wird oft regelrecht gezischt. Bewegt er sich zu weit vor, folgt ein kurzer, ruckartiger Zug am Halsband, der ihn in die Ausgangsposition zurück befördert. Im harmlosesten Fall reicht der Ruck aus, um ihn wieder neben den Menschen zu bringen – aber ich habe auch Hunde gesehen, die regelrecht nach hinten flogen.

Hat der Hund gelernt, dass er sich nicht aus der Position neben dem Menschen entfernen darf, werden abrupte Richtungswechsel eingeführt – ohne Vorwarnung. Wer nicht aufpasst, wird wieder in die gewünschte Position »geruckt«. So lernt der Hund: Wenn ich Schmerzen vermeiden will, muss ich jede noch so kleine Bewegung meines Menschen mitgehen. Manche Hunde werden zusätzlich gerempelt oder mit dem Bein blockiert, wenn sie vor die Füße laufen oder überholen wollen.

Art der Gewalt: zum größten Teil körperlich, ebenso psychisch

Foto: Ryzhkov Oleksandr/stock.adobe

Körperlich: Durch den Leinenruck wird Schmerz am Hals ausgelöst. Es wird nicht nur kurz die Luft abgeschnürt, sondern der Ruck geht durch die ganze Wirbelsäule. Stell dir vor, jemand reißt dich an deinem Schal nach hinten. Das geht durch Mark und Bein. Trotzdem ist es noch gang und gäbe in der Hundeerziehung. Und ein Schal besteht aus einem weichen Stoff, noch schmerzhafter wird dies mit einem Kettenwürger aus Metall oder sogar mit einem Krallenwürger. Aber auch ein Leinenruck an einem normalen Halsband ist unangenehm bis schmerzhaft.

Folgende gesundheitliche Schäden können auftreten: Anders Hallgren schreibt in seinem Buch »Rückenprobleme beim Hund«, dass 91 % der Hunde, die Schäden an der Halswirbelsäule aufwiesen, mit Leinenruck trainiert wurden. Allein dieses Ergebnis sollte uns vor Augen führen, wie gesundheitsschädlich diese Trainingsart ist. Weitere gesundheitliche Probleme wie Schleudertrauma, Bandscheibenvorfall und Knorpeldefekte können ebenso auftreten.

Nicht nur die Knochen sind betroffen. Der Hals ist ein äußerst empfindliches Organ: Es kann zu Kehlkopfentzündungen, Schäden an der Schilddrüse und Schäden an der Lunge kommen. Durch das Abschnüren der Arterien kann sich der Blutdruck erhöhen und der Augeninnendruck steigen. Das ist bei gesunden Hunden gefährlich, noch katastrophaler wirkt sich dies auf Rassen aus, die prädisponiert in Sachen Augenkrankheiten sind, etwa der Shih Tzu oder die französische Bulldogge. Diesen Rassen können wortwörtlich die Augen aus dem Kopf fallen, aufgrund des hohen Grades der Überzüchtung. Werden solche Hunde nun noch am Halsband geführt und über Leinenruck »korrigiert« (wobei es genauso vorkommen kann, dass sich ein Hund selbst in die Leine ruckt, wenn er z. B. an der Leine zieht oder schnell zu einem Hund oder einer spannenden Schnüffelstelle will), steigt die Gefahr des Augapfel-Vorfalls stark an. Und dies sind noch nicht alle gesundheitlichen Schäden, die entstehen können.

Leinenruck ist gesundheitsgefährdend

Laut **Hallgren** *(Rückenprobleme beim Hund)*:
91 % der Hunde mit Halswirbelschäden wurden mit Leinenruck trainiert.

Rücken- oder Kopfschmerzen kennen die meisten von uns. Wir gehen entweder zum Arzt und lassen uns wieder einrenken oder wir lösen die Blockaden durch Yoga oder andere Übungen, die unserem Körper guttun. Vielleicht hast du auch selbst schon erlebt, dass ein verschobener Wirbel in der Halswirbelsäule zu Schwindel, Unkonzentriertheit, schlechter Laune und Müdigkeit führen kann.

Unsere Hunde können uns nicht sagen, dass ihnen etwas weh tut. Stattdessen müssen sie immer weitermachen. Dabei verspannt sich der Körper zunehmend, da sie in eine Schonhaltung fallen. Irgendwann lebt dein Hund mit den Schmerzen, anders geht es ja nicht, keiner kümmert sich. Das ist unglaublich anstrengend, sowohl körperlich als auch psychisch, und raubt einem jegliche Energie. Diese Schmerzen können wiederum zu anderem, von uns unerwünschtem Verhalten führen.

Stell dir folgendes Szenario vor: Du hast das »Bei Fuß« wie oben beschrieben mit deinem Hund geübt. Du selbst hast die Rucks als nicht so schlimm empfunden, allerdings hat sich dabei ein Wirbel im Halsbereich deines Hundes verschoben. Jetzt hat dein Hund ständig leichte Schmerzen, verspannt sich dabei immer mehr. Du gehst mit ihm auf eine Hundewiese, wo du einigen anderen Hunden begegnest, die dein Hund auch schon kennt. Es wird wild gespielt, und einer der anderen Hunde rempelt deinen Hund von der Seite an. Dadurch spürt dein Hund einen stechenden Schmerz im Nackenbereich, weil der andere Hund zufällig genau die Stelle getroffen hat, die eh schon empfindlich war.

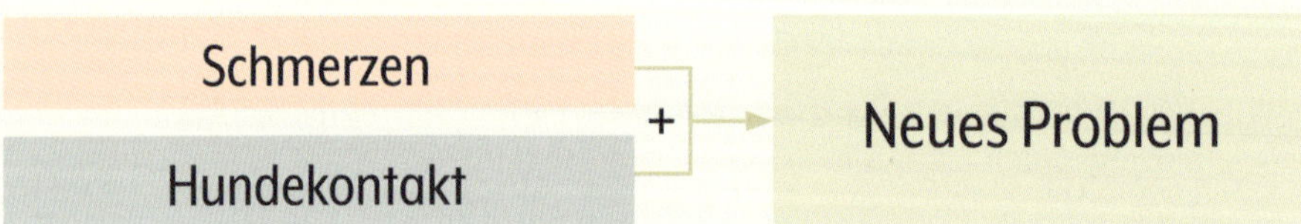

Wenn ein Hund Schmerz mit Artgenossen verknüpft, kann daraus aggressive Reaktion entstehen – auch bei vorher verträglichen Hunden.

In diesem Moment reagiert dein Hund aggressiv, vielleicht entwickelt sich sogar eine Rauferei. Wenn er diesen Schmerz mit anderen Hunden verknüpft hat, kann dies langfristig dazu führen, dass er entweder nur diesen einen Hund ab jetzt doof findet, oder im schlechtesten

Foto: New Africa/stock.adobe

Und so kann aus einem gut verträglichen Hund ein Hund werden, der aggressiv auf Artgenossen reagiert.

Fall dies auf alle Hunde generalisiert. Das bedeutet, dass er den Schmerz nicht nur mit dem einen Hund verknüpft hat, der ihn angerempelt hat. Für diesen Hund ist Hundekontakt nun mit Schmerzen verknüpft, und er wird schneller negativ auf Artgenossen reagieren.

Strafe verändert Verhalten

– aber nicht ohne Nebenwirkungen. Oft entstehen neue Probleme, wo vorher keine waren.

Dieses Beispiel zeigt auch: Schmerz hört nicht beim Körper auf. Er wirkt weiter – in der Wahrnehmung, in der Gefühlswelt, im Verhalten des Hundes. Und das ist eines der großen Probleme von Strafe im Training: Die Nebenwirkungen sind nicht immer sichtbar – aber sie sind da. Manche zeigen sich sofort, andere entwickeln sich schleichend. Manchmal entstehen dabei echte Verhaltensprobleme, wo vorher gar keine waren. Und genau hier beginnt die psychologische Komponente: Was macht es mit einem Hund, wenn er ständig Angst haben muss, etwas falsch zu machen? Wenn Aufmerksamkeit nicht aus Interesse entsteht, sondern aus Sorge, dass es sonst wehtun würde?

Schauen wir uns also die psychologische Komponente an: Das Ziel ist, dass der Hund freiwillig neben uns geht, an lockerer Leine. Folgende innere Szenarien können sich im Hund abspielen: Im besten Fall verknüpft er den Leinenruck mit dem von uns verfolgten Ziel: »Zieh nicht an der Leine, gehe mit deiner Schulter auf unserer Kniehöhe, sei aufmerksam«. Doch genauso wahrscheinlich ist eine andere Verknüpfung: Neben uns gehen bedeutet Schmerz und Stress, wenn er nur einen Moment lang unaufmerksam ist. Er darf sich keinen Fehler erlauben, sonst tut es weh. Ständige Aufmerksamkeit erfordert wiederum ein hohes Maß an Konzentration, denn Ablenkung lauert überall: Gerüche, Geräusche, Bewegungen.

Der Hund lebt in einer Welt voller Reize – und soll trotzdem ständig »funktionieren«.

Kennst du das? Du willst konzentriert am Rechner arbeiten, aber dein Handy oder Computer zeigt dir immer wieder neue Nachrichten: Eine E-Mail kommt an oder auf Facebook gibt es einen neuen Post. Wie lange dauert es, bis deine Konzentration dahin ist? Ich schalte immer alles aus, wenn ich am Stück arbeiten möchte, um nicht abgelenkt zu werden. Für unsere Hunde sind jeder Geruch und jedes Geräusch in der Umwelt wie ein Pop-up-Fenster im Kopf.

Zu Beginn des Trainings weiß dein Hund noch gar nicht, was du von ihm verlangst. Er bekommt eine vollkommen unbekannte Vokabel gesagt (»Fuß«) und muss nun herausfinden, was du von ihm willst. Versteht er das nicht sofort (und wie sollte er etwas verstehen, was ihm zuvor nicht erklärt wurde), wird er durch Schmerzen (Leinenruck) bestraft. Wenn dies das erste Mal erfolgt, erschrickt er sich meist so, dass er entweder tatsächlich kurz das richtige Verhalten zeigt (an unserer Seite laufen) oder er versucht, sich der Strafe zu entziehen, indem er versucht, von uns wegzukommen. Dies zieht natürlich weitere Strafen nach sich, bis der Hund aufgibt. Irgendwann wird dein Hund beim Kommando »Fuß« sofort aufmerksam an deiner Seite laufen, da er gelernt hat, dass jegliches andere Verhalten Schmerz nach sich zieht.

Im schlechtesten Fall verknüpft ein Hund das, was er gerade sieht, mit dem Leinenruck. Sind dies beispielsweise andere Hunde, kann die Verknüpfung sein: »Wenn ein anderer Hund auftaucht und ich an der Leine bin, tut es weh.« Der Schmerz wird also mit anderen Hunden verknüpft, nicht damit, dass der Hund gerade nicht »Bei Fuß« geht. Durch diese Art der Verknüpfung kommt es zur Leinenaggression: Jedes Mal, wenn mein Hund an der Leine ist und auf andere Hunde trifft, reagiert er aggressiv. Er hat gelernt, dass diese Situation Schmerz bedeutet. Dazu kommt, dass unter Stress und Schmerz das Lernvermögen beeinträchtigt ist. Es kann zu Lernblockaden kommen und die Leistung ist beeinträchtigt.

Das Beispiel »Bei Fuß« zeigt, wie viel Druck bereits im Grundgehorsam entstehen kann. Doch was passiert, wenn wir mit der gleichen Härte an echte Verhaltensprobleme herangehen? Was passiert mit einem Hund, der nicht einfach »bei Fuß« laufen soll, sondern dessen Verhalten als gefährlich, unerwünscht oder sozial inakzeptabel gilt?

Beispiel 2: »Futteraggression«

Ein Hund hat eine Futteraggression gegenüber Menschen. Das bedeutet er verteidigt sein Futter im Zweifel auch mit seinen Zähnen.

Arbeite ich über Druck mit einem Hund an diesem Thema, kann das wie folgt aussehen: Dem Hund wird ein Napf mit Futter hingestellt, kurz darauf nimmt der Mensch den Napf wieder weg. Das passiert so lange, bis der Hund stark reagiert, z. B. knurrt oder abschnappt. Die Signale,

Foto: Komchatnykh Tetiana/stock.adobe

die vor dem Drohverhalten gezeigt werden, wie Beschwichtigungssignale, ein etwas steifer Werden des Körpers bis hin zum Einfrieren, den Körper zwischen Mensch und Futter bringen, werden bewusst ignoriert. Droht der Hund dann deutlich, da seine vorhergegangenen Kommunikationsversuche fehlgeschlagen sind, folgt eine Strafe. Entweder wird ihm in die Seite »gestupst« – meist in der Nierengegend, wo es besonders schmerzhaft ist –, oder er wird auf den Rücken geworfen und gehalten oder er wird am Halsband zurück geruckt.

Der Hund soll in diesem Fall lernen, dass er seinen Menschen nicht anknurren darf, da dieser in der Rangfolge über ihm stehe und daher jederzeit alle Ressourcen für sich beanspruchen dürfe.

Folgende gesundheitliche Schäden *können* auftreten: Schauen wir uns erst die körperlichen Auswirkungen an. Die des Leinenrucks haben wir ja schon besprochen. Das »Stupsen« in die Nierengegend verursacht einen stechenden Schmerz, dazu muss man noch nicht mal besonders stark »stupsen«. Außerdem wird dem Hund leicht übel. Es kann zu Einblutungen oder blauen Flecken in der Haut und an der Niere kommen, wenn dies häufig oder mit ausreichend Kraft geschieht.

Hast du schon mal einen versehentlichen Stoß in die Nierengegend bekommen? Glaub mir, es gibt Angenehmeres. Erst kommt der stechende Schmerz, dann die Übelkeit – vielleicht wird dir sogar Schwarz vor den Augen.

Psychologische Komponente: Das Ziel ist, dass der Hund sein Futter nicht mehr verteidigt, also weder knurrt, abschnappt noch wirklich zubeißt. Was dein Hund stattdessen lernt, ist, dass er nicht in Ruhe eines seiner Grundbedürfnisse erfüllen darf – nämlich essen. Offensichtlich hat er schon einmal gelernt, dass es besser ist, sein Futter zu verteidigen, ansonsten würde er das Verhalten nicht zeigen.

Nehmen wir ihm sein Futter jetzt immer wieder weg, um zu zeigen, dass wir es können, bestätigen wir damit seine Annahme: Er muss sein Futter verteidigen. Zeigt er dann – durch Knurren oder Abschnappen – , dass er es nicht sonderlich gut findet, wenn wir dies tun, fügen wir Schmerz zu in Form von Nierenstechen, Leine rucken oder auf den Rücken werfen. Vielleicht strafst du auch gar nicht so »stark«, sondern machst dich nur groß und wirst laut. In jedem Fall baust du Druck auf.

Was ist die Folge unseres Handelns?

Handelt es sich um einen Hund, der sich schnell einschüchtern lässt, wirkt unser Eingreifen – zumindest bei der Person, die ihm die Schmerzen zugefügt hat – für eine gewisse Zeit. Doch andere Menschen – insbesondere auch Kinder – bekommen sehr wahrscheinlich umso deutlicher zu spüren, dass er sich sein Futter nicht wegnehmen lassen möchte. Denn: **Druck erzeugt Gegendruck.**

Wenn ich so arbeite, arbeite ich nicht am eigentlichen Problem (mein Hund denkt, sein Futter verteidigen zu müssen), sondern unterdrücke nur die Reaktion. Die Gefühlswelt des Hundes hat sich nicht geändert. Er hat immer noch das Gefühl, sein Futter verteilen zu müssen. Aber er hat gelernt, dass er seine Reaktion nicht zeigen darf. Es baut sich ein innerer Druck auf, der sich irgendwann in eine andere Richtung entlädt. Wenn niemand damit rechnet.

Entweder wird das Futter anderen Personen gegenüber nun deutlich heftiger verteidigt, oder es tritt an einer anderen Stelle ein Problemverhalten auf. Fahrradfahrer werden auf einmal gejagt, Menschen oder Hunde stark verbellt etc. Die wenigsten bringen dieses neue Problemverhalten mit der Trainingsmethode in Verbindung, die angewendet wurde, um – wie in unserem Beispiel – die Futteraggression in den Griff zu bekommen. Es ist also wichtig zu wissen, dass ich mir ein neues Problemverhalten erschaffe, wenn ich ein anderes mit Druck und Gewalt »wegtrainiere«. Es kann auch sein, dass mein Hund auf einmal nicht mehr alleine bleiben kann oder nicht mehr stubenrein ist. Vielleicht zerstört er zu Hause vermehrt Dinge oder bellt ständig.

Gewalt im Hundetraining

- Gewalt ist nicht nur körperlich – auch psychischer Druck, Einschüchterung und Zwang zählen dazu.
- Schon ein Leinenruck oder drohende Körpersprache können Schmerzen, Angst oder Stress auslösen.
- Strafe unterdrückt Verhalten, verändert aber nicht das Gefühl dahinter.
- Wer mit Druck arbeitet, riskiert neue Probleme: z. B. Trennungsstress, Aggressionsverhalten oder Zerstörungswut.
- Hunde lernen am besten in Sicherheit, nicht unter Angst.

Wir sehen: Druck verändert Verhalten – aber nicht das dahinterliegende Gefühl. Weder bei uns noch bei unseren Hunden. Was uns direkt zur nächsten Frage bringt: **Warum handeln wir überhaupt so? Warum setzen wir Druck, Strafe oder sogar Schmerz ein – obwohl es weder fair noch sinnvoll ist?**

Warum habe **ich** das getan – über 2 Jahre hinweg –, obwohl mir tief drin oft mulmig war?

Menschen, Hunde und Empathie

Warum handeln wir gegen unsere Empathie? Warum fügen wir unseren Hunden Schmerzen zu, physisch wie auch psychisch? Es gibt nicht den einen Grund, sondern oft ein ganzes Geflecht aus Prägung, Weltbild, Umfeld und Autoritätserfahrungen.

Um das besser zu verstehen, werfen wir einen Blick auf verschiedene psychologische Hintergründe, die unser Denken und Handeln im Umgang mit Hunden beeinflussen können.

Wir beginnen mit einem Aspekt, der uns alle in der Tiefe prägt – oft, ohne dass wir es merken: **der eigenen Familienstruktur**. Ist jemand in einer streng hierarchischen Familie aufgewachsen, kann sich derjenige in bekannten Strukturen wohl fühlen und setzt diese auch dem eigenen Hund gegenüber um. Was man kennt, gibt Sicherheit und wird oft nicht hinterfragt.

Nehmen wir ein Beispiel aus einer solchen Familie. Ein Kind wächst in einer Familie auf, in der es strikte Regeln gibt. Diese sind unumstößlich, auch wenn sie nicht immer Sinn ergeben. Es gibt wenig Möglichkeiten, aus diesem Regelwerk auszubrechen oder es zu hinterfragen. Stattdessen ist klar, dass gemacht wird, was die Eltern sagen. Typische Sätze auf Rückfragen können sein: »Weil ich es sage«, »Solange du die Füße unter meinen Tisch stellst ...«, »Mach es einfach«. Gefühle wie Wut oder Trauer dürfen zwar sein, finden aber wenig Beachtung und werden eher abgewiegelt. Tränen werden mit Sätzen wie »Jetzt hör auf damit« oder »Reiß dich zusammen« begegnet. Das Kind lernt früh: Mit Anpassung komme ich weiter als mit Diskussion. Diese Haltung prägt und kann später – unbewusst – im Zusammenleben mit Hunden Einfluss nehmen.

Tut ein Hund etwas Unerwünschtes wie z. B. einen anderen Hund anbellen, wird er ermahnt oder gestraft, um das Verhalten zu unterdrücken, denn so etwas darf nicht sein, und der Hund hat sich unterzuordnen. Kann ein Hund nicht alleine bleiben und jault, während seine Menschen nicht zu Hause sind, »muss er da durch« – genau das hat dieser Mensch in seiner Kindheit auch gelernt. Ist ein Hund sehr aufgeregt und wild, wenn Besuch kommt, wird er auf seine Decke geschickt und soll dort Ruhe halten und die Menschen nicht belästigen.

Viele Menschen hinterfragen ihr Verhalten im Umgang mit ihrem Hund nicht – einfach, weil sie es selbst nie anders erlebt haben. Für sie ist es normal, Regeln durchzusetzen, unerwünschtes Verhalten zu korrigieren und nicht lange zu »diskutieren«. Dass es auch anders gehen kann, kommt ihnen nicht in den Sinn. Kommt ein solcher Mensch in eine Hundeschule oder auf einen Hundeplatz, in der über Strafe gearbeitet wird, fühlt er sich bestätigt. Das dort vermittelte Weltbild passt zu den eigenen Erfahrungen: Klare Ansagen, eindeutige Regeln und Gehorsam als Ziel. Und oft ist es auch so, dass nicht nur mit Hunden entsprechend gearbeitet wird, auch unter den Menschen gibt es klare hierarchische Strukturen.

Chaos, Unsicherheit und instabile Strukturen in der Kindheit

Natürlich kann auch das Gegenteil der Fall sein: Jemand ist ohne jegliche Struktur aufgewachsen und sucht nun klare Regeln und jemanden, der genau ansagt, was zu tun ist, da auch dies Sicherheit geben kann. Manche Menschen wachsen in einem Umfeld auf, das wechselhaft, unsicher oder sogar emotional unberechenbar war. Mal war Nähe möglich, mal nicht. Grenzen wurden entweder gar nicht gesetzt oder sie änderten sich ständig. Was gestern noch erlaubt war, konnte heute plötzlich eine Strafe nach sich ziehen. Wer in solch unsicheren Strukturen aufwächst, kann sich nach mehr Stabilität sehnen und fühlt sich eher von autoritären Trainingsformen angesprochen. Hier gibt es wenige Grauzonen und es wird ganz klar gesagt: Mach es genauso, immer. Es gibt ganz klare Regeln und scheinbar einfache Lösungen. Und das gibt Halt. Gleichzeitig werden genau diese frühen Erfahrungen unbewusst im Zusammenleben mit dem Hund wiederholt. Zum Beispiel so: Mal darf der Hund auf die Couch, am nächsten Tag nicht mehr. Mal ist es okay, wenn er den Nachbarn anbellt (weil der Mensch den Nachbarn selbst nicht mag), beim nächsten Nachbarn darf er das aber nicht und wird abgestraft. Wie soll ein Hund unter solchen Bedingungen lernen, was erlaubt ist und was nicht? Genau wie ein Kind in einem instabilen Umfeld verliert ein Hund die Orientierung – und damit das Vertrauen in die Beziehung.

Foto: pitipat/stock.adobe

Foto: stokkete/stock.adobe

Leistungsorientierte Erziehung
– wenn Beziehung an Bedingungen geknüpft ist

Nicht jede Kindheit ist geprägt von Chaos oder Strenge. Manche Menschen wachsen in Familien auf, in denen Zuneigung an Bedingungen wie gute Leistung gebunden ist. Lob oder Anerkennung gibt es nur, wenn die Noten sehr gut sind. Emotionale Nähe wird dann gezeigt, wenn in der Schule, beim Sport oder beim Musikunterricht gute Leistungen erbracht werden. Sobald es nicht (so) gut läuft, bleibt der Support aus und es wird darauf gedrängt, dass die Leistungen besser sein müssen. Kinder, die so aufwachsen, lernen, dass sie nur »gut« sind, wenn sie etwas leisten. Fehler werden als Schwäche und nicht als Teil des Lernprozesses gesehen. Hier ist die Angst vor Fehlern besonders stark und der Perfektionsdruck sehr hoch. Denn nur, wer Leistung auf hohem Niveau bringt, ist etwas wert und bekommt Zuneigung und Anerkennung.

Wer so aufwächst, kann dies auf sein Leben mit Hund übertragen. Der Hund soll so schnell wie möglich »funktionieren«, und der Lernprozess muss optimiert werden. Gelobt wird nur, wenn der Hund die Übung zu 100 % richtig ausgeführt hat. Die Übungen werden im Level zügig nach oben skaliert und selten leichter gemacht. Macht der Hund Rückschritte im Training oder braucht Pausen, wird dies als großes Problem angesehen. Das sind Momente, in denen die Hundeschule gewechselt wird, um bessere Ergebnisse zu erzielen. Hier kann es auch zu immer härteren Strafen führen, damit der Hund (für den Halter gefühlt) schneller lernt. Menschen, die so mit ihren Hunden arbeiten, können schnell enttäuscht sein, wenn das Training nicht sofort fruchtet. Die Ansprüche an den Hund sind extrem hoch und kleine Fortschritte werden abgewertet oder gar nicht gesehen – oft mit Aussagen wie: »Das ist das Mindeste, was mein Hund schaffen sollte. Das ist nichts Besonderes und kein Lob wert.« Und wenn man selbst nicht weiterweiß oder sich überfordert fühlt, ist es nur allzu verständlich, dass man sich an Menschen hält, die vermeintlich alle Antworten haben.

Vertrauen in Autoritätspersonen
– wenn andere scheinbar wissen, was richtig ist

Menschen neigen dazu, Autoritätspersonen zu vertrauen, weil diese oft als kompetent und vertrauenswürdig wahrgenommen werden. Experimente haben gezeigt, dass Menschen bereit sind, Anweisungen von Autoritätspersonen zu befolgen, selbst wenn diese Anweisungen moralisch fragwürdig sind. Dass Menschen sich an Expertinnen und Experten oder Autoritätspersonen halten, ist nicht ungewöhnlich. Es ist menschlich. Tritt jemand selbstsicher, mit einer klaren Meinung oder sogar einem Titel auf, wirkt das schnell überzeugend – besonders, wenn wir es gewohnt sind, unsere eigenen Gefühle, Zweifel oder Bedenken hintenanzustellen. Doch genau hier liegt auch eine Gefahr: Wir vertrauen manchmal zu sehr. Wir geben Verantwortung ab. Und wir handeln im Zweifel entgegen unserem Gefühl, weil wir glauben: »Die werden schon wissen, was richtig ist.« Wie stark dieser Mechanismus ist, zeigt das berühmte psychologische Milgram Experiment. Es wurde in den 1960er-Jahren durchgeführt – und sorgt bis heute weltweit für Diskussionen. Es macht eindrücklich, wie weit Menschen gehen können, wenn eine vermeintlich autoritäre Figur ihnen sagt, was zu tun ist – selbst wenn dabei anderen Leid zugefügt wird.

Das Milgram-Experiment

Das Milgram-Experiment untersuchte, wie weit Menschen gehen, um Befehle einer Autorität zu folgen – selbst wenn dies bedeutet, anderen zu schaden. Teilnehmende glaubten, an einem Lernexperiment mitzuwirken. Sie wurden als »Lehrer« instruiert, einem »Schüler« (der in Wirklichkeit Schauspieler war) bei falschen Antworten vermeintliche Stromstöße zu verabreichen, deren Stärke sie stetig erhöhen sollten. Obwohl der »Schüler« hörbar Schmerzen zeigte, setzten rund 65 % der Teilnehmenden die »Stromschläge« bis zur höchsten Stufe fort.

In Bezug auf das Hundetraining verdeutlicht es, warum Menschen blind den Anweisungen von Trainerinnen und Trainern folgen, selbst wenn diese auf Strafe und Gewalt setzen.

In meiner Hundeschule bin ich aus diesem Grund mittlerweile sehr achtsam mit dem, was ich meinen Kundinnen und Kunden erkläre. Mein oberstes Ziel ist es, den Menschen so viel über Hunde beizubringen, dass sie selbst gute Entscheidungen treffen können. Trotzdem kommt es vor, dass Menschen, die sicher im Leben stehen, sich blind auf das verlassen, was ich tue oder sage, oder meinen Anleitungen wortwörtlich Folge leisten.

Ein Kunde von mir kam schon länger mit seinem Hund zu mir ins Training und sein Hund wurde einige Tage vor unserem Training von einem großen, blonden Hund gejagt.

Nachdem ich das nicht ahnen konnte und wie immer meine Hündin Kisha dazu gelassen habe (sie ist eine blonde Mischlingshündin), wunderte ich mich über die ängstliche Reaktion des sonst so entspannten Hundes. Natürlich löste ich so schnell wie möglich die Situation auf. Hätte der Kunde mir aber vorher erzählt, dass sein Hund ein schlechtes Erlebnis hatte und sein Bauchgefühl nicht so gut dabei sei, wenn Kisha jetzt dazukomme, hätte ich das ganz anders gestalten können. Er wollte mir (als Expertin) aber nicht widersprechen, als ich sagte, dass ich Kisha zum Spielen holen würde.

Diese Beispiele sind genau das: Beispiele. Es sind mögliche Muster, die sich aus der eigenen Kindheit ins heutige Leben – und damit auch ins Hundetraining – übertragen können, aber nicht zwangsläufig müssen. Denn in der Realität sind Menschen äußerst vielschichtig. Es gibt nie »den einen« Grund, warum jemand so handelt, wie er oder sie es tut. **Menschen wachsen in unterschiedlichsten Kontexten auf, und aus dieser Vielfalt ergeben sich ganz individuelle Prägungen.** Das kann in eine bestimmte Richtung führen – muss es aber nicht. Auch jemand, der sehr autoritär erzogen wurde, kann sich später bewusst dafür entscheiden, besonders weich mit dem Hund umzugehen. Andere wiederum können aus einer strukturarmen Kindheit eine starke Sehnsucht nach klaren Regeln entwickeln. Ich habe hier bewusst einige typische Muster aufgegriffen, die möglicherweise eine Rolle spielen. Sie sind als Impuls gedacht.

Vielleicht laden dich diese Gedanken dazu ein, innezuhalten und zu überlegen: Welche meiner eigenen Erfahrungen bringe ich mit ins Training? Das ist nichts Verwerfliches – im Gegenteil: Wir alle handeln auf Grundlage unserer Geschichte. Niemand ist völlig neutral oder unbelastet. Doch genau darin liegt eine Chance: Wenn mir bewusst wird, warum ich tue, was ich tue, kann ich mein Handeln entsprechend anpassen.

Was unser Verhalten im Hundetraining beeinflusst – auf einen Blick

- Unsere Kindheit prägt, wie wir erziehen – auch im Umgang mit Hunden.
- Was vertraut ist, gibt Sicherheit. Wer klare Regeln und Autorität erlebt hat, überträgt diese Muster häufig auf den Hund.
- In angespannten Situationen suchen wir Orientierung – und folgen manchmal blind den Anweisungen vermeintlicher Expertinnen und Experten, auch wenn unser Bauchgefühl etwas anderes sagt.
- Studien zeigen: Menschen neigen dazu, Autoritätspersonen zu vertrauen, selbst wenn diese Anweisungen geben, die dem eigenen Werteempfinden widersprechen.
- Wer sich selbst besser versteht, kann bewusst neue Wege einschlagen.

Wie Normen unser Miteinander mit Tieren prägen

Doch nicht nur unsere persönliche Geschichte und Erziehung prägen unser Verhalten gegenüber Hunden. Auch das gesellschaftliche Umfeld, in dem wir leben, hat einen enormen Einfluss darauf, wie wir Tiere – insbesondere Hunde – sehen und behandeln. Was wir als normal, angemessen oder notwendig empfinden, ist selten rein individuell – es ist eingebettet in kulturelle Überzeugungen, gesellschaftliche Werte und ethische Normen.

Wie wird in unserer Gesellschaft eigentlich über Tiere gedacht? Was ist erlaubt, was wird hinterfragt – und was gilt immer noch als selbstverständlich? Leider werden Tiere in unserer Kultur nach wie vor deutlich unter dem Menschen eingeordnet. Das Bewusstsein beginnt zwar, sich zu verändern, dennoch ist es durchaus noch normal, dass ein Hund eben »nur« ein Hund ist.

Selbst wenn Hunde einen hohen Stellenwert im Leben ihrer Menschen einnehmen, schwingen in Gesprächen oder Kommentaren Sätze mit wie: »Der hat zu funktionieren«, »Der muss halt hören«, »Der soll dankbar sein, dass er es so gut bei mir hat.« Ein Hund soll funktionieren. Punkt. Er soll sich anpassen, sich unterordnen und möglichst widerspruchslos das Leben seiner Menschen bereichern, und zwar genauso, wie sie es sich wünschen.

Ein Hund soll oft eine eierlegende Wollmilchsau sein: lieb und schmusig, bei Bedarf draußen aktiv, tröstend, wenn es einem nicht gut geht, kinderlieb (damit ist oft gemeint, dass er sich alles widerspruchslos von Kindern gefallen lassen soll), nicht spürbar, wenn man gerade keine Lust hat, sich mit ihm zu beschäftigen, oder wenn man mit ihm im Café sitzt. Er soll aufpassen,

dass keine Einbrecher reinkommen, darf aber Besuch nicht verbellen. Er soll süß ausschauen und Menschen mögen, darf sich aber nicht so über Menschen freuen, dass er diese anspringt. Am besten wäre es, wenn er unterscheiden kann, welche Menschen Hunde mögen und welche nicht, damit er nur die richtigen fröhlich begrüßt und die anderen in Ruhe lässt.

Foto: Simone Nettingsmeier

Auf diesem Bild sieht es nicht so aus, als ob Yuno irgendwelche Probleme hat. Tatsächlich brauchten wir zu Beginn relativ lange, bis die Fotografin sich uns problemlos nähern konnte.

In unserer heutigen Gesellschaft soll ein Hund der perfekte Partner sein, ohne dass man sich selbst die Mühe macht, seinen Partner genau kennenzulernen und zu sehen, welche Bedürfnisse er hat, welche Lernerfahrungen schon gemacht wurden und dass es Zeit braucht, um alte, in unseren Augen nicht erwünschte Verhaltensweisen abzulegen. Hunde haben uns Menschen schon immer sehr gut gelesen, und sie sind unglaublich anpassungsfähig. Im Gegenzug verlernen wir Menschen mehr und mehr, normales hündisches Verhalten als solches zu erkennen. Vielleicht ist dies bedingt durch einen immer größer werdenden Realitätsverlust durch die sozialen Medien, in denen alles einfach erscheint und ein Bild vom Zusammenleben mit Hunden gezeichnet wird, das nicht dem wirklichen Leben entspricht.

Auf Instagram, TikTok, Facebook & Co. sehen wir vor allem eins: perfekte Hunde. Hunde, die ein sehr großes Problemverhalten hatten und innerhalb von 2 Wochen zum perfekten Alltagsbegleiter wurden. Hunde, die immer und überall großartig hören und alles für ihren Menschen tun würden. Es scheint so, als ob man nur ein Training, eine Methode anwenden muss und schon ist das langersehnte, leichte und perfekte Leben mit Hund möglich. Influencer und Trainer suggerieren, dass es an den Menschen liegt, wenn nicht schnell unglaubliche Erfolge erzielt werden. Es werden beeindruckende Vorher-Nachher-Videos gezeigt. In einem Moment brüllt ein Hund einen anderen an und kann sich gar nicht beruhigen, in der nächsten Szene läuft er entspannt an anderen Hunden vorbei oder spielt sogar mit ihnen.

Ich sehe das als sehr großes Problem an, denn die sozialen Medien (können) lügen. Es werden nur kurze Ausschnitte aus dem Leben mit Hund gezeigt und nicht, was schiefläuft. Ich selbst habe Videoaufnahmen, in denen einer meiner Hunde ausflippt beim Anblick von fremden Hunden. Aber auch, wie er gut mit Hunden auskommt und entspannt an ihnen vorbeiläuft. Es wäre für mich sehr einfach, dies so zusammenzuschneiden, dass es aussieht, als ob wir in wenigen Tagen Training ganz viel erreicht hätten. Was ich nicht zeige: Dass es noch Hunde gibt, an denen er nicht vorbeigehen kann, ohne laut zu werden, wie viele Stunden Training dahinterstehen, wie viel Management notwendig ist und wie lange unsere Reise schon war. Wenn ich also in den sozialen Medien lese oder höre: »Mit dieser einen Sache habe ich alle Probleme meines Hundes in den Griff bekommen«, werde ich sehr hellhörig und skeptisch.

Rückmeldungen meiner Kundinnen und Kunden, deren Hunde Problemverhalten zeigen, sagen mir: Sie fühlen sich allein. Sie haben das Gefühl, unfähig zu sein. Denn alles, was sie in den sozialen Medien sehen, sind Hunde, die keine Probleme haben, oder deren schwieriges Verhalten in Nullkommanichts »heilbar« war.

Die Realität ist: Training braucht Zeit. Es kann Nerven, Geld und Zeit kosten. Es gibt Rückschritte und Fortschritte. Manchmal hat man das Gefühl, der einzige Mensch auf dem Planeten zu sein, der einen Hund hat, der sich nicht so ins Leben einfügt, wie man sich das wünscht. Training hat außerdem Grenzen. Nicht jeder Hund wird zum perfekten Begleiter. Manche Hunde müssen ihr Leben lang gemanagt werden. Aber genau das wird viel zu wenig gezeigt. Kein Wunder also, dass viele Hunde an den Erwartungen scheitern – nicht, weil sie nicht wollen, sondern weil von ihnen Dinge verlangt werden, die sie als Hunde schlicht nicht leisten können. Und auch die Menschen sind dadurch enttäuscht, denn so hatten sie sich das Leben mit Hund nicht vorgestellt.

Der Hund als Statussymbol

Hunde begleiten uns seit Tausenden von Jahren – als Jagdbegleiter, als Hüter von Haus und Hof, als Familienmitglieder. Doch in den vergangenen Jahrzehnten ist eine weitere Rolle hinzugekommen, über die kaum jemand offen spricht: der Hund als Statussymbol. Ob Designerrasse oder Tierschutz-Schicksal mit dramatischer Geschichte – manchmal scheint der Hund nicht nur zum Leben zu passen, sondern auch zu dem Bild, das jemand nach außen abgeben möchte. Der kleine, perfekt frisierte Hund auf dem Schoß im Straßencafé. Der imposante Beschützer an der dicken Lederleine. Der »gerettete« Straßenhund, dessen Geschichte genauso mitschwingt wie das Gefühl, etwas besonders Gutes getan zu haben.

Natürlich ist es nicht verwerflich, stolz auf den eigenen Hund zu sein – im Gegenteil. Doch wenn das Tier vor allem eine Funktion erfüllt, wenn seine Bedürfnisse, seine Geschichte und sein Wesen hinter Image und Selbstdarstellung verschwinden, wird es schwierig. Dann verliert der Hund seine Rolle als Partner – und wird zum Projekt, zum Prestigeobjekt.

Heute werden Hunde vermehrt nach ihrer Optik ausgesucht. Das Verhalten, das sie mitbringen, wird erst einmal ignoriert. So landen immer mehr Jagdhunde wie der Weimaraner oder

Foto: MZaitsev/stock.adobe

der Magyar Vizsla bei Menschen, die einen »edlen« Hund an ihrer Seite haben möchten, aber weder die Zeit noch das Können mitbringen, um einem solchen Hund ein gutes Leben zu ermöglichen. Australian Shepherds oder Border Collies werden gekauft, weil sie so gelehrig sind und eine tolle Fellfarbe haben. Dass diese Rassen weiter Hüteverhalten zeigen, das in unserem Alltag nicht erwünscht ist, wird übersehen. Wenn dann Radfahrer, Jogger oder Kinder gehütet werden, kommt die Ernüchterung.

In den vergangenen Jahren erlebten unter anderem die Herdenschutzhunde ein Comeback. Viele wurden über Tierschutzvereine vermittelt, die nicht besonders seriös arbeiten. Herdenschutzhunde galten in vielen Vermittlungstexten plötzlich als »sanfte Riesen« oder »Kinderfreunde mit großem Herz«, während ihr tatsächlicher Charakter – selbstständig, territorial, oft distanzbedürftig gegenüber Fremden – kaum erwähnt wird. Und auf einmal hatten die Menschen Hunde zuhause, die keine Freunde mehr ins Haus ließen und den Garten lautstark bewachten.

Herdenschutzhunde, die das tun, wofür sie gemacht sind: aufpassen. Greta, die hinterste Hündin, ist die einzige, die sich über eine fremde Person freuen würde.

Noch extremer ist dies zu Zeiten der Pandemie geworden. Viele Menschen haben sich Hunde zugelegt, um nicht allein zu sein, mehr in der Natur unterwegs zu sein und weil durch die Möglichkeit des Homeoffice die Zeit für einen Hund da war. Die Nachfrage nach Hunden explodierte. Züchter waren schnell ausverkauft oder stellten das Züchten während der Pandemie ein – weil viele Interessenten sich unüberlegt Hunde zulegen wollten. Also wichen zahlreiche auf den Tierschutz aus. Doch auch hier galt: Wer seriös vermittelte, mit Vorkontrollen und Aufklärung, wurde oft übergangen. Stattdessen boomten Organisationen, die schnell lieferten – am besten, ohne Fragen zu stellen.

Hunde wurden wahllos »gerettet«, denn die Ärmsten der Armen haben es doch am meisten verdient, ein schönes Leben zu bekommen. Umso besser, wenn der Verein keine lästige Vorkontrolle macht und man den Hund so schnell wie möglich bekommt. So hatte man gleich 2 Fliegen mit einer Klappe geschlagen: Die Person selbst hat etwas Gutes getan und eine arme Seele gerettet und musste nicht lange suchen oder warten, bis der Hund endlich einzog. In den sozialen Medien wurde unterdessen der Eindruck vermittelt, wie unglaublich dankbar Tierschutzhunde sind und wie schnell und vor allem leicht sie sich ins Menschenleben einfügen.

Mit der Realität hat das wenig zu tun. Hunde sind nicht bedingungslos loyal und dankbar, nur weil sie von einem Menschen gerettet wurden. Sie bringen ihr eigenes Päckchen an Verhalten, Geschichte und in manchen Fällen auch Trauma mit. Einige Vereine vermitteln auf Teufel komm raus, teilweise ohne Vorkontrollen und meistens ohne genaue Aufklärung, was für einen Hund die neuen Adoptanten bekommen. Auf einmal lebt ein Herdenschutzhund im 6. Stock in einer 2-Zimmer-Wohnung und kommt weder mit den beengten Verhältnissen in der Wohnung klar noch mit dem Stadtleben. Vermittelt wurde er als süßer Knuddelbär, der Menschen und andere Tiere liebt und nicht besonders groß werden würde. Bei Schwierigkeiten ist der Verein dann nicht mehr erreichbar.

Ein Appenzeller-Mischling landete bei einem älteren Ehepaar. Es fand weder ein Kennenlernen statt noch eine Vorkontrolle. Der Mann ist einfach zur Pflegestelle gefahren, hat den Hund ins Auto gepackt, bezahlt und ist heimgefahren. Jetzt wundert sich das Ehepaar, warum der Hund keine für ihn fremden Menschen ins Haus lassen möchte.

Hunde gehen jagen. Sie bellen und verteidigen ihnen wichtige Ressourcen. Wenn sie das Gefühl haben, deutlicher werden zu müssen, zeigen sie auch die Zähne, knurren, schnappen ab oder beißen, das gehört zur hündischen Kommunikation genauso dazu wie freundliches Schwanzwedeln. Viele gehen nicht von sich aus an lockerer Leine, und ich habe noch nie gesehen, dass ein Hund einen anderen Hund hat »Bei Fuß« gehen lassen. Sie wälzen sich im Dreck. Sie essen Dinge, die wir nie anfassen würden, und haaren die Wohnung voll. Ein Hund aus dem Tierschutz, der Schlimmes erlebt hat, ist nicht zwingend dankbar und lernt

Foto: chriss73/stock.adobe

auch nicht nach einer Woche, dass diese neuen Menschen ihm nichts Böses wollen. Wenn so ein Hund zu Menschen kommt, die ein verklärtes Bild von einem Leben mit Hund haben, werden beide nicht glücklich.

Genauso hatten wir in der Hundeschule gehäuft Welpen von Welpenhändlern im Training. Meist wurde es den Kunden erst bewusst, als sie ihren Welpen abgeholt haben, da es aus verschiedenen Gründen auf einmal nicht mehr möglich war, das Muttertier zu sehen, oder der Welpe auf der Straße übergeben wurde, weil die Verkäufer sich angeblich für ihr unordentliches Haus schämten.

Ein seriöser Tierschutzverein wird immer eine Vorkontrolle und im besten Fall eine Nachkontrolle machen. Der Verein wird dich über alles aufklären, was es zu deinem Hund zu wissen gibt, und auch, dass es sich nicht immer sagen lässt, wie sich ein Hund entwickelt, der bisher nur in einem großen Auffanglager gelebt hat oder direkt von der Straße kommt. Er wird dir zur Seite stehen und bei Problemen Hilfestellung geben. Auch ein guter Züchter wird seine Hunde nicht an jeden abgeben, dir Auskunft über die Elterntiere geben können und dir die Mutterhündin vorstellen. Idealerweise hat er nur einen Wurf und züchtet nicht verschiedene Rassen auf einmal. Du darfst (und solltest) deinen Welpen schon vor der Abgabe besuchen und kannst dir dabei ein Bild von dem Züchter und der Aufzucht seiner Welpen machen.

Folgende Sätze habe ich in meiner Hundeschule in den vergangenen 2 Jahren am häufigsten gehört: »Das habe ich mir ganz anders vorgestellt«, »Ich habe das vollkommen unterschätzt«, »Das muss er doch jetzt können«. Letzteres sehr häufig bei Welpen und Junghunden oder bei Tierschutzhunden, die gerade mal seit 2 Wochen in der Familie sind.

Seriöser Tierschutz

- Macht Vor- und Nachkontrollen
- Klärt über alle positiven und negativen Seiten des Hundes auf
- Sagt klar, wenn keine genauen Angaben gemacht werden können, und warum
- Unterstützt vor allem in den ersten Tagen und ist auch später bei Problemen erreichbar
- Klärt darüber auf, dass es bei vielen Hunden aus dem Ausland schwer zu sagen ist, in welche Richtung sie sich entwickeln
- Versucht nicht, so viele Hunde so schnell wie möglich zu vermitteln und nutzt dabei keine reißerischen Überschriften wie »wird morgen getötet«, »hat nur noch einen Tag zu leben« etc.

Unseriöser Tierschutz

- Macht keine Vor- oder Nachkontrolle
- Alle Hunde sind menschenbezogen, freundlich und lieben Kinder, Hunde und Katzen
- Reißerische Aufmachung der Website und Posts – viele Hunde werden angeblich am nächsten Tag getötet oder müssen zurück auf die Straße o. Ä., wenn sich nicht sofort jemand findet
- Klärt nicht darüber auf, was es bedeutet, einen Hund aus dem Ausland aufzunehmen
- Macht Druck, dass der Hund so schnell wie möglich raus muss
- Ist im Nachgang nicht mehr erreichbar

Für mich sind Hunde großartige Lebewesen. Wenn ich sie richtig verstehe und gut lesen kann, wenn ich genauso auf die Bedürfnisse meines Hundes achte wie auf meine eigenen, dann kann eine tolle und für beide Seiten erfüllende Partnerschaft entstehen. Wichtig ist, kein Fantasiebild auf meinen Hund zu projizieren, das er nicht erfüllen kann.

Das meiste, was wir von unseren Hunden verlangen, ist aus Hundesicht ziemlicher Blödsinn. Zurückkommen, wenn man gerade am Rennen oder Jagen ist, ergibt für einen Hund erst einmal genauso wenig Sinn, wie (aus unserer Sicht) eklige Dinge nicht zu essen oder das eigene Futter nicht zu verteidigen. Wenn wir uns aber auf das Abenteuer Hund einlassen, eröffnet sich eine ganz neue Welt, in der wir Menschen sehr viel lernen können.

All das zeigt: Unser Umgang mit Hunden ist nicht nur individuell geprägt, sondern auch stark beeinflusst von gesellschaftlichen Erwartungen, kulturellen Bildern und manchmal leider auch von falschen Versprechungen. Wenn Hunde nicht ins Bild passen, das wir von ihnen haben, wenn sie nicht das »liefern«, was wir uns erhoffen, wird es schwierig.

Seriöse Züchter:innen

- Lassen dich die Mutterhündin (und ggf. den Vater) kennenlernen
- Züchten mit Sachverstand und Fachwissen zu Rasse, Genetik und Gesundheit
- Haben nur wenige Würfe im Jahr und keine verschiedenen Rassen gleichzeitig
- Ermöglichen Besuche vor der Abgabe und beantworten alle Fragen offen
- Geben nur an passende Menschen ab – auch wenn das bedeutet, Nein zu sagen
- Klären über typische Eigenschaften und mögliche Herausforderungen der Rasse auf
- Halten Kontakt nach der Abgabe und stehen auch später noch mit Rat zur Seite
- Die Welpen wachsen im Haus auf und werden gut sozialisiert (Alltag, Menschen, Geräusche etc.)
- Die Elterntiere sind gesund, tierärztlich betreut und wesensfest

Unseriöse Züchter:innen

- Muttertier ist nicht zu sehen (»beim Tierarzt«, »gerade spazieren« etc.)
- Es ist eine »Hobbyzucht« – hier werden die Gesundheitsuntersuchungen selten gemacht, die vor allem bei reinrassigen Hunden wichtig sind, um genetisch verankerte Krankheiten im Griff zu haben
- Welpen werden auf Parkplätzen, aus dem Kofferraum oder in fremden Gärten übergeben
- Es werden mehrere Rassen oder Mischlinge gleichzeitig angeboten
- Fragen werden ausweichend oder gar nicht beantwortet
- Kein Interesse daran, wie der Welpe später leben wird
- Kein schriftlicher Kaufvertrag, keine Impfpässe oder gefälschte Unterlagen
- Kein Einblick in die Aufzuchtbedingungen, alles wirkt eilig oder versteckt
- Die Welpen sind verängstigt, schmutzig oder machen einen kranken Eindruck
- Nach dem Kauf ist niemand mehr erreichbar

Dann reagieren Menschen enttäuscht, wütend oder überfordert. Nicht, weil der Hund »falsch« ist – sondern weil unsere Vorstellung von einem Leben mit Hund oft nicht mit der Realität übereinstimmt.

Und genau an diesem Punkt schließt sich der Kreis zum vorangegangenen Kapitel: Persönliche Erfahrungen, Erziehungsmuster, gesellschaftliche Einflüsse – all das formt unser inneres Bild vom Hund. Von dem, was er sein soll. Von dem, was er leisten muss. Von dem, wie er sich zu verhalten hat. Wenn wir dieses Bild nie bewusst hinterfragen, übernehmen wir womöglich unreflektiert Erwartungen, die weder fair noch realistisch sind. Und neigen dann dazu, nach schnellen Lösungen zu suchen und zu Trainingsmaßnahmen zu greifen, die für uns erst einmal leichter sind und vermeintlich schneller zum Erfolg führen.

Doch was steckt hinter dem Bild vom »funktionierenden Hund«? Woher kommt die Vorstellung, dass ein Hund spuren muss? Dass er gehorchen muss, koste es, was es wolle? Und was bedeutet es wirklich, wenn Menschen sagen: »Der Hund muss wissen, wer hier das Sagen hat«?

Genau darum geht es jetzt gleich: um das Rollenverständnis zwischen Mensch und Hund. Um die Frage, wie wir unsere Position im Zusammenleben mit dem Hund begreifen – und was das mit alten Dominanztheorien, falschen Mythen und unserem eigenen Bedürfnis nach Kontrolle zu tun hat.

Zwischen Idealbild und Realität – Gesellschaftliche Erwartungen an Hunde

- Hunde werden in unserer Kultur oft nach dem Prinzip »funktionieren müssen« behandelt – unabhängig von ihren tatsächlichen Bedürfnissen.
- Der Hund soll vielseitig sein: ruhig, kinderlieb, wachsam, hübsch – aber bitte alles zur richtigen Zeit.
- Soziale Medien vermitteln ein verzerrtes Bild vom Leben mit Hund: schnell, einfach, makellos. Die harte Realität hinter gut geschnittenen Vorher-Nachher-Videos bleibt meist unsichtbar.
- Viele Hunde scheitern nicht, weil sie »schwierig« sind, sondern weil die Erwartungen unrealistisch hoch sind.
- Menschen projizieren häufig eigene Wünsche, Statusdenken oder emotionale Lücken auf den Hund – ohne dessen Wesen wirklich zu sehen.
- Training wird zunehmend als Wettbewerb gesehen: Der Hund soll schnell funktionieren, sonst gilt man als unfähig.
- Das echte Leben mit Hund braucht Zeit, Geduld, Wissen – und den Mut, auch mal gegen den Strom zu schwimmen.

Wer führt hier eigentlich wen?

Die Forschung der vergangenen Jahrzehnte hat gezeigt, dass das ursprüngliche Bild vom dominanten Hund, der ein Rudel anführt und dies gewaltvoll durchsetzt, nicht mehr haltbar ist.

Das Bild des sogenannten »Alphas« hält sich trotzdem sehr hartnäckig – jene Vorstellung, dass der Mensch wie ein Rudelführer agieren müsse, um seinen Hund zu kontrollieren. Dahinter steckt die Annahme, Hunde würden untereinander durch Machtkämpfe regeln, wer das Sagen hat – und nur der oder die Stärkste könne sich dauerhaft durchsetzen. Diese Denkweise dient bis heute als Rechtfertigung für körperliche oder psychische Gewalt im Training: Du müsstest dem Hund immer wieder zeigen, »wer der Boss ist«, sonst würde er die Führung übernehmen, sich auflehnen und die Familie dominieren. Das Bild vom Alphatier wird zur Legitimation eines autoritären, oft harschen Umgangs mit Hunden – aus Angst, die Kontrolle zu verlieren.

Du glaubst, dass ich übertreibe? Ich erlebe in meiner Hundeschule täglich, dass selbst Menschen, die von Anfang an bei uns waren, erzählen, dass ihr Hund dominant sei und die Rangfolge infrage stelle, da er seine Menschen anknurrt, wenn sie ihm die Zähne putzen oder ihn vom Sofa schieben wollen. Es steckt eine unglaublich große Angst dahinter, dass, wenn ein Hund Aggressionsverhalten zeigt, er bald darauf zum gefährlichen Beißer mutiert und man keine Kontrolle mehr über ihn hat.

Rangordnung, Dominanz und Alphastatus

Die Theorie, dass Hunde eine strikte Rangordnung einhalten und es einen Alpha-Rüden gibt, stammt aus dem Jahr 1947. Robert Shenkel beobachtete zu dieser Zeit ein Wolfsrudel in Gefangenschaft am Zoologischen Institut der Universität Basel. Seine Beobachtungen ließen ihn den Schluss ziehen, dass das Rudel von einem Alpha-Wolf angeführt wurde, der sich an die Spitze gekämpft hatte. Damals nahm man außerdem an, dass das Verhalten von Hunden und Wölfen durch ihre enge Verwandtschaft sehr ähnlich ist. Deshalb begann man, die Erziehungsmethoden darauf auszurichten, dass ein Hund mit harter Hand unterworfen werden müsse, da er sonst die Rolle des Alpha in der Familie annehmen könnte.

In den 1970er Jahren schrieb David Mech ebenfalls über Wölfe und nannte den führenden Wolf »Alpha«. 1986 begann er, freilebende Wölfe in natürlicher Umgebung im Nordwesten Kanadas zu studieren. Er beobachtete 13 Sommer lang die dortige Wolfspopulation und kam zu einem ganz anderen Schluss als sein Kollege Robert Shenkel. Mech beschreibt ein Wolfsrudel als einen Familienverband. Die Alpha-Tiere bestehen aus einem weiblichen und einem männlichen Wolf, die ihre Welpen großziehen. Sobald diese erwachsen sind (mit ca. 3 Jahren), verlassen sie das Rudel und machen sich auf die Suche nach Partnern, um ein eigenes Rudel zu gründen. Nach der gemeinsamen Jagd frisst das Rudel gemeinsam, ohne dass Kämpfe stattfinden. Erst danach beansprucht das Alpha-Paar den Rest des Kadavers für sich, vergräbt ihn oder bringt ihn zu den Welpen.

Ein Wolfsrudel ist also nichts anderes als eine Familie, deren Eltern die Welpen großziehen. Die Beobachtungen von Shenkel vergleicht Mech später mit Studien an Menschen, die im Gefängnis bzw. in einem Flüchtlingslager leben. Würden Aliens auf der Erde landen und Menschen im Gefängnis oder einem Lager studieren, so entstünde auch ein vollkommen falsches Bild vom normalen menschlichen Sozialverhalten. Denn auch hier bilden sich schnell striktere Hierarchien und Dynamiken, die in der Form in einer freien Gesellschaft nicht oder nur selten vorkommen.

Foto: AB Photography/stock.adobe

Nachdem der Mythos des »Alpha-Tieres«, das über sein Rudel herrscht und dies über Kämpfe und dominantes Verhalten durchsetzt, von Mech widerlegt wurde, solltest du dir zusätzlich die Frage stellen, inwiefern sich das Sozialverhalten unserer heutigen Haushunde mit dem von Wölfen gleichsetzen lässt. Hier finde ich es wichtig, die Begrifflichkeiten klarzustellen, da bei Hunden und im Zusammenleben zwischen Mensch und Hund oft das Wort »Rudel« genutzt wird. Daher kommen auch Sätze wie: »Du musst der Rudelführer sein« oder »Dein Hund und deine (menschliche) Familie bilden ein Rudel«.

Im biologischen Sinn besteht ein Rudel aus miteinander verwandten Tieren, meistens mehreren Generationen von Elterntieren und deren Nachkommen. Bei Straßenhunden können hier auch Onkel, Tanten und Großeltern gemeinsam leben. Daher kannst du mit deinem Hund kein Rudel bilden, denn ihr seid nicht miteinander verwandt.

Eine Gruppe dagegen besteht aus nicht miteinander verwandten Tieren, die sich zusammengeschlossen haben und miteinander leben. Das kann auch eine Form des Zusammenlebens bei Straßenhunden sein. Da unsere Hunde schon lange domestiziert und dem Menschen angepasst sind und in der Regel (bei Mehrhundehaushalten) in Gruppen und nicht in Rudeln leben, ist der Vergleich und die Beobachtung von freilebenden Straßenhunden sinnvoller, um Rückschlüsse auf das Sozialverhalten unserer Haushunde zu ziehen, als die Beobachtung von Wölfen.

Foto: Kai Koehler/stock.adobe

Foto: KlausTorsten/stock.adobe

Verschiedene Forschungen auf der ganzen Welt haben sich intensiv mit dem Sozialverhalten solcher Hunde beschäftigt. Sie zeigen, dass es nicht »den« Straßenhund gibt. Ihr Verhalten variiert stark und ist abhängig von den Lebensbedingungen, welche Erfahrungen sie gemacht haben, wie viele Ressourcen zur Verfügung stehen und wie groß die Population ist. In einem Punkt sind sich die Forscher allerdings einig: Auch in Hunderudeln oder Gruppen gibt es nicht den einen Alpha-Hund, der alle anderen dominiert und der sich ständig gegen Hunde, die sich an die Spitze des Rudels oder der Gruppe kämpfen wollen, durchsetzen muss. Meist leitet der souveränste und klügste Hund eine Gruppe und nicht der, der am aggressivsten ist.

Für mich steht fest, dass wir noch sehr viel mehr über unsere Hunde lernen müssen – und ich glaube, dass wir sie in großem Maße unterschätzen. Deswegen ist es umso wichtiger, dich zumindest mit der Körpersprache und dem Ausdrucksverhalten zu beschäftigen und zu wissen, welche Funktion welche Rasse hat und wie sich das im Zusammenleben mit deinem eigenen Hund auswirkt. Wenn ein Irish Setter bei dir lebt, hat dieser ganz andere Bedürfnisse und Anforderungen als eine Französische Bulldogge. Und gleichzeitig sollte jeder Hund als Individuum mit eigenen Lernerfahrungen und eigenem Charakter gesehen werden.

Dominanz, Alphatiere und Rudel

- **Die Theorie vom »Alpha-Hund« ist veraltet.** Sie stammt aus Beobachtungen von Wölfen in Gefangenschaft (Robert Shenkel, 1947) – also unter unnatürlichen Bedingungen. Die Schlussfolgerung, dass Hunde ihre Familie »dominieren« wollen, basiert auf diesen frühen Fehlinterpretationen.
- **Wölfe in freier Wildbahn leben in Familien.** Der Biologe David Mech beobachtete über viele Jahre freilebende Wölfe und beschrieb ihre Strukturen als Familienverbände – bestehend aus Eltern und ihren Nachkommen, ohne ständige Rangkämpfe.
- **Menschen und Hunde bilden kein Rudel.** Ein Rudel im biologischen Sinne besteht aus verwandten Tieren. Da Hunde und Menschen nicht miteinander verwandt sind, sprechen wir von einer sozialen Gruppe – nicht von einem Rudel.
- **Das Verhalten von Straßenhunden ist aussagekräftiger.** Anders als Wölfe leben viele Hunde heute in offenen, teils lockeren Gruppen – ihr Sozialverhalten ist flexibel und an Umweltbedingungen angepasst. Auch hier gibt es kein durchgehendes Muster. Wie freilebende Hunde zusammenleben, hängt von der Umwelt, Ressourcen und dem Standort der Gruppe ab.
- **Souveränität statt Dominanz.** In stabilen Gruppen orientieren sich Hunde eher an souveränen, gelassenen Individuen als an jenen, die sich durch Aggression durchsetzen.
- **Einheitliche Regeln gibt es nicht.** Das Verhalten eines Hundes hängt immer auch von seinem Charakter, seiner Vorgeschichte, seiner Rasse und seiner Umwelt ab – einfache Schablonen helfen hier nicht weiter.

Macht im Hundetraining

Bevor Linus in unser Leben kam, hatte sich für mich sehr viel verändert. Ich hatte geheiratet, war nach Bayern umgezogen und hatte noch nicht den richtigen Weg für mich in Sachen Job gefunden. Es war klar, dass ich in der Fernsehbranche bleiben möchte, allerdings stellte sich immer mehr heraus, dass Kamerafrau nicht das war, was ich sein wollte oder wo meine Talente lagen. Ich musste einige Entscheidungen treffen: Wie soll es weitergehen, welche Art von Jobs möchte ich annehmen, was bringt mich in die richtige Richtung?

Ich selbst war – und bin es heute noch zum Teil – so gestrickt, dass ich Konflikten eher aus dem Weg gehe. Ich wollte es gerne jedem recht machen und war daher im Hundeverein auch zufrieden damit, einfach das zu tun, was mir gesagt wurde. Es gab so viel anderes in meinem Leben, über das ich nachdenken musste und Entscheidungen treffen sollte, dass ich mir über die Hundeerziehung nicht zusätzlich Gedanken machen wollte. Diese Art des Trainings war einfach und funktionierte in meinen Augen wunderbar. Über den Hundeverein lernte ich Gleichgesinnte kennen und konnte neue Freundschaften schließen. Wir lebten noch nicht so lange in Bayern und die meisten Bekanntschaften ergaben sich aus unseren Jobs. Deswegen war ich froh, auch Menschen in unserem direkten Umkreis kennenzulernen, die ähnliche Interessen hatten wie ich. Dadurch blieb ich in »meiner« Bubble; die Menschen, mit denen ich mich traf, erzogen ihre Hunde genauso, wie ich mit Linus umging. Wenn mich jemand auf den Kettenwürger ansprach, dachte ich mir nur, dass diejenige einfach keine Ahnung hat.

Das Gefühl, über jemanden bestimmen zu können, diesen großen Hund im Griff zu haben, tat mir gut. Aber es gab auch die Momente, in denen ich ein komisches Gefühl in der Magengrube hatte. Kennst du dieses Gefühl, wenn man leicht beschämt grinst, aber irgendwie weiß, dass das, was man tut, nicht wirklich richtig ist? Es ist eine Mischung aus ein bisschen Trotz, Unwohlsein und dem Gefühl, Kontrolle ausüben zu können.

Linus hörte größtenteils gut auf mich und ich hatte »Talent« im Umgang mit Hunden, das heißt, ich setzte das Training effektiv um. In vielen Bereichen meines Lebens hatte ich das Gefühl, keine oder wenig Kontrolle zu haben, da half es mir zumindest, meinen Hund kontrollieren zu können. Ich ging stolz mit meinem großen, schwarzen Hund an der Seite spazieren, führte Freunden vor, wie gut er hört, wenn ich ihm z. B. gekochtes Hühnchen vor die Pfoten legte und er es erst nahm, wenn ich es ihm freigegeben hatte. Auf die irritierte Frage einer Freundin, warum ich dem armen Hund das Essen nicht einfach gleich gäbe, anstatt so ein doofes Spiel mit ihm zu machen, reagierte ich erst mit Unverständnis und zog mir dann die Erklärung aus den Fingern, dass das wichtig sei, falls er draußen Giftköder fände. Bis zu dem Zeitpunkt hatte ich mir nie Gedanken darüber gemacht, ob mein Hund etwas fressen würde, was ihm nicht guttat, sondern fand es einfach großartig, wie gut er hört. Denn das polierte mein eigenes Selbstbewusstsein auf.

Ich erinnere mich an eine Situation, in der ich zu meinem Mann sagte, dass je mehr ich Linus runtermache, desto mehr es ihm gefalle, da er ja immer anhänglicher wurde. Wie falsch ich gelegen hatte, wurde mir erst viel später bewusst. Ich dachte, Linus sei so anhänglich, weil er mir vertraute. Stattdessen war es ein Versuch, Konflikte zu vermeiden. Und genau hier beginnt ein Thema, das für mich im Training mittlerweile eine zentrale Rolle spielt: Beschwichtigungsverhalten, Stress und erlernte Hilflosigkeit.

Kapitel

3

AHA-MOMENTE UND ANDERE LICHTBLICKE

Beschwichtigungsverhalten, Stress und erlernte Hilflosigkeit

Linus wurde durch mein Verhalten nicht anhänglicher, sondern er hat versucht, mich zu besänftigen, und hat stark beschwichtigendes Verhalten gezeigt. Das äußerte sich durch eine geduckte Körperhaltung, ein enges An-mich-Drücken und Über-den-Fang-Schlecken. Er hat versucht zu deeskalieren, auch wenn er nicht verstanden hat, warum ich mit ihm schimpfe oder ihn mal wieder an der Leine rucke. Es hat ihn verunsichert.

Selbst heute noch, zu Zeiten, in denen wir viel mehr über die Körpersprache unserer Hunde wissen, wird ein solch deeskalierendes Verhalten oft als Freude missinterpretiert. Ehemalige Kundinnen von mir erzählten, sie seien bei einem anderen Hundetrainer gewesen, der die Hündin am Halsband in die Ecke geschleudert hat. Aber sie freue sich immer sehr, wenn sie ihn sehen würde. Dass die Hündin versuchte, möglichst klein und freundlich zu wirken, damit ihr so etwas nie wieder passiert, wurde nicht erkannt.

Hunde versuchen erst einmal, Ärger aus dem Weg zu gehen, und kommunizieren dies über die sogenannten Beschwichtigungs- oder Stresssignale. Sie haben die Funktion, dem Gegenüber zu signalisieren, dass man selbst ungefährlich ist. Sie zeigen, dass es dem Hund zu viel wird oder dass etwas unheimlich ist, und sie dienen der Selbstberuhigung. Zu den Signalen gehören unter anderem Blinzeln, über den Fang schlecken, Gähnen, die Bewegungen verlangsamen, den Kopf oder den ganzen Körper abwenden.

An diesem Punkt entstehen die häufigsten Kommunikationsprobleme zwischen Mensch und Hund. Schimpfst du mit deinem Hund und er wendet den Kopf ab, um zu beschwichtigen, reagierst du »menschlich« und nimmst vielleicht den Kopf des Hundes in die Hand, um ihn dazu zu zwingen, dich anzusehen, mit den Worten: »Schau mich an, wenn ich mit dir rede«, während dein Hund versucht, den Blick abzuwenden, um weiter zu beschwichtigen.

In unserer menschlichen Welt ist es unhöflich, jemanden nicht anzusehen, mit dem man redet. Für Hunde ist es unhöflich, dem Gegenüber direkt in die Augen zu sehen oder sogar zu starren. Im schlimmsten Fall kann das als Bedrohung wahrgenommen werden, als sogenanntes »Drohfixieren«.

Ebenso häufig sieht man Menschen, die ihren Hunden lautstark Befehle entgegenschreien. Aufgrund des scharfen Tons und der meist nach vorne gerichteten, angespannten Körpersprache des Menschen denkt der Hund: »Mein Mensch ist sauer!« und zeigt beschwichtigendes Verhalten: Er wendet den Blick ab, verlangsamt stark seine Bewegungen und schnüffelt

Foto: luismolinero/stock.adobe

intensiv an einer Stelle, während er seinen Menschen dabei im Blick behält. Der Mensch interpretiert das als Ungehorsam, wird lauter und härter. Stimme und Körpersprache vermitteln dem Hund jetzt ganz klar: Jetzt bloß nicht näher kommen! Also versucht er, noch deutlicher zu beschwichtigen; er schnüffelt noch intensiver, wird noch langsamer in den Bewegungen.

Spätestens an diesem Punkt ist die Stimmung gekippt. Der Mensch ist genervt, es fallen Sätze wie »Der ist stur«, »Der will mich nur veräppeln« usw. Ein Teufelskreis in missverständlicher Kommunikation beginnt.

Foto: brrf-foto.de/stock.adobe

Beschwichtigungssignale

Kopf & Gesicht

- Kopf abwenden oder zur Seite drehen
- Blick abwenden
- Augen halb schließen (»Augen weich machen«)
- Blinzeln
- Lecken über die eigene Nase/den Fang
- Gähnen (nicht müde-bedingt)
- Maul lecken in Richtung Mensch/Hund
- Ohren nach hinten legen

Körperhaltung & Bewegung

- Körper abwenden (seitlich stellen)
- Langsamere Bewegungen (verlangsamen)
- Einfrieren/Innehalten
- Züngeln/»Lippen schlecken« ohne Futter
- Sich klein machen (geduckte Körperhaltung)
- Rücken zuwenden oder wegdrehen
- Sich hinsetzen (ohne vorheriges Kommando)
- Sich hinlegen (plötzliches Runtergehen)
- Rollbewegung auf den Rücken (oft fälschlich als »Unterwerfung« interpretiert)

Bewegung im Raum

- Bogenlaufen (statt direkt auf jemanden zugehen)
- Zwischen anderen Hunden oder Menschen hergehen
- An einer Stelle intensiv schnüffeln (sogar, wenn nichts Konkretes da ist)
- Weggehen oder sich entfernen
- Sich kratzen (ohne dass etwas juckt)

Interaktion mit dem Gegenüber

- An den Mundwinkel des Gegenübers lecken
- Vorderkörpertiefstellung (nicht spielauffordernd gemeint, sondern deeskalierend)
- Schnauze anstupsen
- »Küsseln« – sanftes Lecken an der Hand oder dem Gesicht des Menschen: der sogenannte »Kiss to dismiss«

Wichtig zu wissen

- Hunde zeigen oft mehrere Signale **gleichzeitig oder kurz nacheinander**.
- Manche Signale sind **rasse- oder typabhängig** stärker oder schwächer ausgeprägt.
- Auch gesunde, entspannte Hunde nutzen diese Signale **ständig** im sozialen Miteinander.
- Werden Signale **nicht beachtet**, kann das zu Frustration oder Eskalation führen.
- Besonders im **Training oder im Alltag mit Kindern** sollten diese Signale bewusst beobachtet und respektiert werden.

VIDEO

Beschwichtigungssignale

Foto: Ievgen Skrypko/stock.adobe

Was ebenfalls häufig fehlinterpretiert wird, ist das sogenannte »Grinsen« bei Hunden. Meist ist das »Lachen« allerdings kein echtes Lachen. Vielmehr zeigt der Hund ein starkes Stressgesicht mit zurückgezogener Mundfalte und aufgerissenen Augen. Das verstehen viele Menschen falsch, und es wird nicht erkannt, in welcher Not sich der Hund tatsächlich befindet.

Solche Szenen sieht man besonders häufig auf Bildern mit kleinen Kindern, die halb auf einem Hund liegen, auf ihm sitzen oder ihn fest in den Arm nehmen. Der Hund »grinst« und wirkt geduldig – bis es plötzlich zum Beißvorfall kommt. Dann heißt es, der Hund hätte ohne Vorwarnung gebissen. Dabei wurden die Warnzeichen einfach übersehen.

Beschwichtigungssignale verstehen und selbst anwenden

In dem Moment, in dem du die Körpersprache deines Hundes verstehst, bist du schon einen großen Schritt weiter. Denn jetzt kannst du bereits im Ansatz erkennen, wenn dein Hund unsicher wird, etwas mehr Abstand braucht oder einer Hundebegegnung lieber ausweichen möchte.

Wenn du bemerkst, dass dein Hund Unterstützung braucht, kannst du dies unter anderem dadurch erreichen, dass du selbst Beschwichtigungssignale einsetzt. Einige der Signale aus der Liste lassen sich ganz einfach auf unsere menschliche Körpersprache übertragen: Du kannst den Blick abwenden, langsamer werden, ruhiger sprechen, dich leicht abdrehen.

Treffe ich auf einen sehr vorsichtigen Hund, kann die Begegnung wie folgt aussehen: Der Hund wird langsamer, schnüffelt intensiv am Boden und wendet sich leicht von mir ab. Dadurch erkenne ich, dass dieser Hund keinen direkten Kontakt wünscht. Ich werde ebenfalls langsamer, bleibe stehen, wende mich ab, sodass ich seitlich zum Hund stehe. Ich schaue am Hund vorbei oder in eine andere Richtung und lasse den Hund zu mir kommen. So signalisiere ich: Ich bin keine Gefahr, ich sehe, dass du mehr Zeit brauchst. Und dann schaffen es die meisten Hunde viel besser, Kontakt aufzunehmen.

Würde ich in so einem Moment gerade und schnell auf den Hund zugehen und ihn etwas lauter ansprechen, kann es passieren, dass dieser Hund mich erst einmal als unhöflich oder im schlimmsten Fall als bedrohlich einstuft.

VIDEO

Beschwichtigungssignale selbst anwenden

Auch beim Spazierengehen kannst du deinem Hund helfen. Kommt euch ein fremder Hund entgegen, wird dein Hund langsamer und friert ein. In diesem Moment kannst du deinen Hund ansprechen und ihm anbieten, in einem Bogen an dem anderen Hund vorbeizugehen. Das nehmen die Hunde in der Regel gerne an und schaffen es so viel besser, die Begegnung zu meistern.

VIDEO

Beschwichtigungssignale in Hundebegegnungen

Treffe ich auf einen Hund, der sich steif macht, mich anstarrt und dabei knurrt – also deutliches Droh- und Aggressionsverhalten zeigt –, bleibe ich ruhig stehen und wende mich leicht ab. Ich friere sozusagen ein und bewege mich fast gar nicht und behalte diesen Hund aus dem Augenwinkel im Blick. Das kann helfen, die Situation zu deeskalieren und dem Hund zu signalisieren, dass ich keine Bedrohung bin.

Hier verhalten sich viele Menschen falsch, starren die Hunde ebenfalls an, gehen gerade auf sie zu und werden laut, in der Hoffnung, den Hund dadurch einzuschüchtern. Das funktioniert in den seltensten Fällen. In der Regel eskaliert so ein Verhalten die Situation und der Hund geht nach vorne. Und das gilt es durch sinnvolles Training, Verstehen der Körpersprache und gutes Führen des Hundes zu vermeiden.

Kein Hund beißt grundlos zu. In den allermeisten Fällen wurden vorher zahlreiche Signale übersehen oder sogar bewusst abtrainiert. Wenn ein Hund lernt, dass all seine Kommunikationsversuche ignoriert oder sogar bestraft werden, z. B. wenn er knurrt, dann bleibt ihm irgendwann nichts anderes mehr übrig, als noch deutlicher zu werden.

Eskalationsleiter

- Mehrfach beißen
- Beißen, ggf. zurückweichen
- Abschnappen, in die Luft schnappen
- Zähne fletschen
- Bellen, knurren
- Abwehraktivitäten setzen ein: Fixieren, steife Körperhaltung
- **Ersatzhandlungen** (Leine beißen, anspringen, wälzen, etc.)
- **Stärkere Beschwichtigungssignale** (gähnen, schnüffeln, abwenden)
- Hund weicht aus, wenn möglich
- **Leichte Beschwichtigungssignale** (züngeln, blinzeln, Kopf abwenden)
- Keine Reaktion – neutral

Einen Hund zu strafen, wenn er bellt, knurrt oder mit den Zähnen fletscht, ist so effektiv, wie den Rauchmelder im eigenen Haus auszuschalten, weil er Alarm schlägt. Das eigentliche Problem wird dadurch nicht gelöst. Es wird unsichtbar gemacht. Und genau dann wird es gefährlich. Denn wer den Rauchmelder ausschaltet, bemerkt das Feuer erst, wenn es zu spät ist. Genauso verhält es sich mit einem Hund, dem du das Knurren verbietest. Seine Warnsignale verschwinden, aber der innere Konflikt bleibt. Und irgendwann bleibt ihm keine andere Wahl, als seine Zähne einzusetzen.

Auf der Eskalationsleiter kann man gut erkennen, dass Hunde alle anderen Kommunikationsmöglichkeiten ausschöpfen, bevor mehr passiert. Die unteren Stufen werden erst dann übersprungen, wenn ein Hund oft genug gelernt hat, dass es nichts bringt, diese zu zeigen. Bildlich gesprochen, wird aus Flüstern (Beschwichtigungs- und Stresssignale zeigen) Brüllen (Bellen, Abschnappen, Zubeißen).

Erlernte Hilflosigkeit

Es gibt aber auch Hunde, die komplett aufgeben, wenn sie zu oft oder zu hart gestraft werden. Vor allem, wenn wir Menschen aus Hundesicht vollkommen unvorhersehbar handeln (und strafen). Irgendwann zerbricht so ein Hund und fällt in die erlernte Hilflosigkeit. Diese Hunde zeigen keinerlei Eigeninitiative mehr, aus Angst vor weiteren Strafen. Sie tun nichts mehr, ziehen sich komplett in ihr Innerstes zurück und starren vor sich hin. Es gibt kaum etwas Schlimmeres, als einen Hund mit erlernter Hilflosigkeit vor sich zu haben.

Der Begriff der erlernten Hilflosigkeit wurde von Martin E. P. Seligman und Steven F. Maier 1967 geprägt, die Versuche mit Hunden durchführten. Der Versuchsaufbau sah wie folgt aus: Gruppe 1 bekam am ersten Tag Stromschläge, die durch das Betätigen eines Hebels abgestellt werden konnten. Gruppe 2 bekam am ersten Tag Stromschläge, hatten aber keinen Einfluss darauf und konnten sich also nicht den Stromschlägen entziehen. Gruppe 3 diente als Kontrollgruppe und bekam im ersten Durchlauf keinerlei Stromschläge. Am nächsten Tag wurden die Hunde in eine zweigeteilte Box gebracht. Die beiden Abteile trennte eine kleine Hürde, über der Box hing eine sichtbare Lampe. Erst ging das Licht an, darauf folgte ein Stromschlag. Die Hunde konnten sich dem Strom entziehen, indem sie über die Hürde in die zweite Hälfte der Box sprangen. Die Hunde der Gruppen 1 und 3 lernten relativ schnell, dass die Lampe den Strom ankündigte und dass sie sich in der zweiten Hälfte in Sicherheit bringen konnten. Viele sprangen nun schon beim Angehen der Lampe in die zweite Hälfte und entgingen so dem Strom komplett. Die Hunde der Gruppe 2, die am Tag zuvor gelernt hatten, dass sie sich dem Strom nicht entziehen können, taten gar nichts. Sie versuchten nicht einmal mehr dem Strom zu entgehen, sondern ertrugen einfach nur die Stromschläge. Das Ergebnis der Studie war,

Foto: Elayne/stock.adobe

dass Unkontrollierbarkeit zu Hilflosigkeit führt. Außerdem stehen folgende Verhaltensweisen in Verbindung mit erlernter Hilflosigkeit: »Starrsinn«, Lernversagen/Lernresistenz und völlige Trainingsverweigerung.

Alternativ reagiert ein Hund mit Aggressionsverhalten, um die Bedrohung abzustellen. Sehr nette Kunden kamen zu mir, um unter anderem an der Leinenführigkeit ihrer jungen Hündin zu arbeiten. In der vorigen Hundeschule wurde ihnen geraten, abrupte, unangekündigte Richtungswechsel an der Leine zu machen. Dadurch, dass die Hündin gar keine Chance hatte sich auf den Richtungswechsel einzustellen, wurde sie immer wieder an der Leine in die entgegengesetzte Richtung geruckt. Das fand sie nach kurzer Zeit gar nicht mehr lustig und fiel in ein Übersprungsverhalten: Sie sprang ihre Halterin an und biss in die Leine. Sie wusste sich einfach nicht anders zu helfen. Der nächste Tipp der Trainerin war, dass die Halterin sich großmachen und die Hündin bedrängen solle, wenn sie sie anspringt, das dürfe man ihr nicht durchgehen lassen. Daraufhin schnappte die Hündin ab. Sie hatte vorher sehr deutlich gemacht, dass sie solch eine unfaire und grobe Behandlung nicht versteht und schon gar nicht mag. Nachdem sie keine Hündin ist, die sich schnell einschüchtern lässt, hat sie auf die nächste Bedrohung (großmachen und sie bedrängen) die nächste Stufe der Eskalationsleiter genommen und hat abgeschnappt. An diesem Beispiel kann man gut sehen, dass Druck Gegendruck erzeugt und man sich schnell in einer Gewaltspirale befindet.

Zusätzlich zu den körperlichen Strafen kommen psychische Strafen: Bei Gewalt gegen Hunde denken die meisten an körperliche Gewalt: Leinenruck, schlagen, treten usw. Die psychische Gewalt wird selten als solche erkannt. Darunter fällt unter anderem das völlige Ignorieren des Hundes. Damit ist nicht gemeint, dass ich unerwünschtes Verhalten kurz ignoriere, z. B. Betteln am Tisch. Dieser Trainingsansatz hat zum Ziel, den Hund über Stunden oder auch Tage wie Luft zu behandeln. Er bekommt beispielsweise im Haus keinerlei Aufmerksamkeit, keine Ansprache, kein Streicheln. Draußen hingegen wenden sich die Menschen ihrem Hund zu, der nun so ausgehungert nach Aufmerksamkeit ist, dass er andere Reize ignoriert oder gar nicht mehr wahrnimmt. So soll Problemverhalten trainiert werden: Hat der Hund vorher andere Hunde oder Menschen verbellt, zeigt er dieses Verhalten nicht mehr, da er zu sehr auf seinen Menschen fixiert ist, weil jetzt endlich soziale Interaktion möglich gemacht wird.

Hunde sind hochsoziale Lebewesen und für die meisten gleicht das völlige Ignorieren einer Folter. Viele Hunde leben als Einzelhunde bei uns und wenn wir nun als Sozialpartner wegfallen, in dem wir uns in keinster Weise mit unserem Hund beschäftigen, vereinsamt dieser Hund.

Auch das Ignorieren von Angst gehört für mich zur psychischen Strafe. Es wird teils immer noch empfohlen, Hunde, die Angst vor z. B. Gewitter oder Silvester haben, zu ignorieren, da man ansonsten die Angst verstärken würde. Das genaue Gegenteil ist jedoch der Fall. Der Hund lernt, dass er in einer für ihn potenziell gefährlichen Situation alleine gelassen wird und keinen Rückhalt von uns bekommt. Das macht eine solche Situation noch viel schlimmer.

Ein Hund, der so im Stich gelassen wird, wird sich auch später nicht an uns wenden, wenn er in für ihn angstauslösende Situationen gerät. Stattdessen wird er versuchen, sie alleine zu regeln. Anstatt zu uns zu flüchten, könnte er ganz weglaufen. Anstatt sich an uns zu wenden, könnte er mit Aggression reagieren, wenn er zu sehr bedrängt wird. Denn auf uns ist offensichtlich kein Verlass. Hunde zeigen sehr deutlich, wenn sie sich nicht wohl fühlen und haben ein großes Repertoire an Signalen. Warum übersehen wir es dann so oft, wenn es unseren Hunden schlecht geht?

Warum verschließen wir die Augen vor dem Leid, spielen es so oft mit Sätzen wie »Das ist schon nicht so schlimm« herunter?

Auf der einen Seite haben immer noch erschreckend wenig Hundehalter tatsächlich Wissen rund um die hündische Kommunikation. Trotz, oder vielleicht auch wegen der Informationsflut im Internet, haben viele noch nie etwas von Beschwichtigungssignalen, Stresszeichen oder der Eskalationsleiter gehört.

Auf der anderen Seite sind wir Menschen wirklich gut im Verdrängen. Das, was wir nicht sehen wollen, sehen wir auch nicht. Auch hier spielt wieder der Expertenstatus der Trainiernden eine Rolle. Wenn dir als Hundeanfängerin gesagt wird, dass ein Hund so trainiert werden muss, vertraust du erst einmal darauf. Vielleicht hast du ein komisches Gefühl in der Magengrube, aber dann wird wieder damit Angst gemacht, dass der Hund zum alles bestimmenden Höllenhund wird, der die Führung der Familie übernimmt, wenn man nicht so hart mit ihm umgeht. Und das willst du ja auf gar keinen Fall.

Diesen inneren Konflikt, den du als Hundehalterin spürst, wenn du mit strafbasierten Trainingsmethoden konfrontiert wirst, ist ein klassisches Beispiel für kognitive Dissonanz. Sie tritt auf, wenn du gleichzeitig 2 widersprüchliche Überzeugungen oder Gedanken hast. Auf der einen Seite liebst du deinen Hund und willst nur das Beste für ihn. Auf der anderen Seite setzt du Methoden ein, die offensichtlich Unbehagen oder sogar Schmerz verursachen.

Die Dissonanz entsteht, weil dein Handeln nicht mit deinen Überzeugungen übereinstimmt. Du siehst, dass dein Hund leidet, aber gleichzeitig wird dir von jemandem, der vermeintlich mehr Erfahrung und Wissen hat, versichert, dass dies der richtige Weg sei. Diese widersprüchlichen Informationen führen zu einem unangenehmen Gefühl, das du irgendwie auflösen musst.

Um die Dissonanz zu reduzieren, greifen viele Menschen zu Rationalisierungen. Sie sagen sich Dinge wie »Der Trainer weiß schon, was er tut« oder »Das geht eben nicht anders. Wenn ich jetzt ein bisschen Gewalt einsetze, kann ich meinem Hund später mehr Freiheiten geben.« Diese Selbstrechtfertigungen helfen, das unangenehme Gefühl zu lindern, indem sie die eigene Rolle und die angewandten Methoden in einem positiveren Licht erscheinen lassen.

Ein weiterer Mechanismus, um mit kognitiver Dissonanz umzugehen, ist die selektive Wahrnehmung. Das bedeutet, dass du unbewusst Informationen filterst, die deinen bestehenden Überzeugungen widersprechen. Wenn dir beispielsweise dein Bauchgefühl sagt, dass dein Hund unter den angewendeten Methoden leidet, du aber gleichzeitig fest daran glauben willst, dass du das Richtige tust, neigst du dazu, die subtilen Zeichen von Stress oder Angst bei deinem Hund zu übersehen oder zu ignorieren. Du siehst nur das, was du sehen willst, und blendest den Rest aus.

Dieser Prozess wird noch verstärkt durch das soziale Umfeld. Wenn der Trainer oder die Trainerin sowie andere Hundehaltende ähnliche Methoden anwenden und diese als effektiv verkaufen, wird es umso schwieriger, die eigene Dissonanz zu erkennen und zu hinterfragen. Es entsteht ein Gruppendruck, der dazu führt, dass du an Überzeugungen festhältst, selbst wenn diese im Widerspruch zum eigenen Mitgefühl und gesunden Menschenverstand stehen.

Doch nicht nur das unmittelbare Umfeld im Training verstärkt diesen Kreislauf – dazu kommt noch der soziale Druck von außen: »Warum funktioniert dein Hund noch nicht?« »Da musst du jetzt aber mal richtig durchgreifen.« »Das darf der aber nicht!« Leider muss in unserer heutigen Gesellschaft jeder so schnell wie möglich so gut wie möglich funktionieren. Und, dass sich kaum noch Menschen darüber Gedanken machen, warum ein Mensch oder Tier nicht so handelt, wie es von der Gesellschaft erwünscht und gefordert wird.

Erlernte Hilflosigkeit

Erlernte Hilflosigkeit tritt auf, wenn ein Hund wiederholt schmerzhaften oder stressigen Situationen ausgesetzt wird, aus denen er keinen Ausweg findet. Dadurch verliert er das Vertrauen in seine Fähigkeit, die Situation zu beeinflussen, und gibt schließlich jegliche Versuche auf, sie zu ändern. Der Hund zeigt dann passives Verhalten, auch wenn eine Flucht- oder Bewältigungsmöglichkeit besteht, da er »gelernt« hat, dass seine Handlungen keinen Unterschied machen. Dies führt zu einem Zustand der Resignation und kann zu Depressionen, Angst und einem Verlust an Lebensfreude führen.

Kognitive Dissonanz

Kognitive Dissonanz ist das unangenehme Gefühl, das entsteht, wenn jemand 2 oder mehr widersprüchliche Gedanken oder Überzeugungen gleichzeitig hat. Um dieses Unbehagen zu reduzieren, versucht die Person oft, die Dissonanz aufzulösen, indem sie ihre Überzeugungen anpasst, ihr Verhalten rechtfertigt oder unangenehme Informationen ignoriert. Es ist ein psychologischer Mechanismus, der Menschen hilft, mit inneren Konflikten umzugehen. Ein Beispiel: einen Hund zu strafen, obwohl die Person sieht, wie schlecht es ihm dabei geht, und dies damit zu erklären, dass es keinen anderen Weg gebe und zur eigenen Sicherheit und zum Wohlbefinden des Hundes notwendig sei.

Der wichtige Wendepunkt

Mein Mann war nie ein Fan des Hundevereins. Er sagte das auch offen, er fühlte sich dort nicht wohl. Hinzu kam, dass jedes Mal, wenn er mit Linus allein zum Training ging, irgendetwas Blödes passierte. Einmal wurde Linus von einem kleinen Hund so doll in die Nase gebissen, dass es stark blutete. Danach hat er sich geweigert, dort noch einmal zum Training zu gehen. Und ehrlich gesagt, glaube ich heute, dass mein Mann den besseren Riecher hatte. Er übernahm zwar alles, was ich an Trainingsideen mit nach Hause brachte, überließ aber alles andere mir. Weil Linus Erziehung brauchte.

Also machte ich noch die Begleithundeprüfung und blieb danach ein paar weitere Monate. Aber die Stimmung dort wurde immer unangenehmer. Wer mitdenken wollte, fiel auf. Wer nachfragte, wurde belächelt oder bekam gar keine Antwort. Ich wollte mit Linus auf keine Turniere gehen, und auch das passte nicht ins Raster des Vereins.

Ich erinnere mich noch an ein Gespräch, das für mich die Entscheidung brachte, aus dem Verein auszutreten. Linus war etwa 3 Jahre alt und fing an, andere Rüden anzupöbeln. Angefangen hat es damit, dass er sich auch mal gewehrt hat, wenn ein anderer Hund ihn doof angemacht hat. Das war für mich noch völlig okay und auch gut händelbar. Nach und nach wurde sein Verhalten aber schlimmer. Wenn er im Freilauf einen anderen Hund entdeckte, raste er los, schnüffelte, und wenn es ein Rüde war, ging die Prügelei los.

Natürlich ist er ab da fast nur noch an der Leine gegangen und wir fanden uns in den typischen Unterhaltungen mit fremden Hundehaltenden wieder: Ich, laut auf weite Entfernung einem anderen Team entgegenrufend: »Ist das ein Rüde?«

Variante 1: »Ja, ist er.« »Kastriert oder nicht?« (Mit kastrierten Rüden ging es zu dem Zeitpunkt noch ganz gut.) »Unkastriert.« »Okay, das wird nicht gehen«, und mit diesen Worten verschwanden mein Hund und ich dann in einem Busch oder wichen großräumig auf eine Wiese aus.

Variante 2: »Meine ist ein Mädel.« »Super, darf er hin?« Woraufhin in den meisten Fällen ein schönes Spiel entstand.

Zurück zum Hundeplatz. Weil es mit Linus und anderen Rüden immer schlechter wurde, fragte ich einen der Trainer, ob eine Kastration helfen würde und Sinn ergebe. Seine Antwort kam abfällig und ohne zu zögern: »Hunde gehören alle kastriert.« Er klärte mich nicht über die Risiken auf, erklärte mir nicht, dass eine Kastration helfen kann, aber nicht muss und dass sie auf keinen Fall Training ersetzt.

Nach diesem Gespräch war für mich klar, dass ich hier nicht mehr hingehen wollte. Also trat ich aus dem Verein aus. Die Entscheidung zur Kastration haben wir dann später ganz in Ruhe mit unserem Tierarzt getroffen. Er hat uns gut beraten und war für alles offen. Wir haben lange gesprochen, alles abgewogen und daraufhin die Entscheidung für die Kastration getroffen.

Mit dem Wissen von heute würde ich vielleicht andere Wege gehen. Vielleicht wäre es nie so weit gekommen, dass Linus so heftig auf andere Rüden reagiert, denn ich hätte ihn über Training und gutes Management ganz anders durch diese Phase führen können. Aber damals war es für uns die richtige Entscheidung. Linus wurde entspannter im Umgang mit anderen Rüden, aß endlich regelmäßig und nahm an Gewicht zu. Es tat ihm gut – und das war das Wichtigste.

Die nächsten Jahre mit ihm waren unkompliziert und schön. Er begleitete mich oft nach München ins Büro. Die Kolleginnen und Kollegen freuten sich mehr über ihn als über mich – und wenn ich ihn mal nicht dabeihatte, wurde sofort gefragt, wo er ist. Dank Linus hielt ich meine Mittagspausen ein, ohne ihn tendierte ich dazu, einfach durchzuarbeiten und neben der Arbeit her zu essen. Er war also mein persönlicher Gesundheitscoach. Durch ihn lernte ich den Englischen Garten kennen und spazierte mittags an der Isar entlang. Im Büro langweilte er sich manchmal – das merkte ich schon. Es waren ja auch lange Tage. Aber überall sonst war er der perfekte »Dabeisein«-Hund.

Egal, ob im Urlaub, auf Besuch bei meinen Eltern, bei Freunden oder auf Dienstreisen: Linus war immer dabei. Er schaffte es, mit mir durch die Münchener Innenstadt zu gehen, ging anstandslos mit auf eine Fähre und blieb im Ferienhaus (nach ein paar Tagen Eingewöhnung) problemlos alleine. Ich nahm ihn mit zum Ausreiten – und genoss diese Zeit sehr mit ihm.

Im Winter rannte er mit Begeisterung durch den Schnee, im Sommer durchstreiften wir gemeinsam den Wald und die Wiesen im Leitzachtal. Stella, die Stute, die ich reiten durfte, hat immer gut auf ihn geachtet und ist stehen geblieben, wenn Linus mal wieder meinte, ihr vor die Hufe laufen zu müssen. In der Hinsicht war er immer etwas eigen und ich musste gut auf ihn achten. Wenn er irgendwohin wollte, war es egal, ob da ein Pferd im Weg stand, ein Fahrradfahrer oder ein Auto kam. Mein Großer marschierte einfach los.

Während ich hier sitze und diese Worte schreibe, wird mir wieder klar, was für ein Geschenk Linus war. Die meisten Dinge, bei denen er mich begleitet hat, könnte ich in der Form mit meinen jetzigen Hunden nicht machen.

Je mehr Zeit verging, umso netter wurde ich im Umgang mit Linus. Er hatte kein Kettenhalsband mehr, sondern ein weiches Lederhalsband. Wenn wir mit ihm auf dem Berg waren oder zum Schlittenfahren, trug er ein Brustgeschirr. Aber ich war immer noch weit weg von dem, wie mein Umgang heute mit meinen Hunden aussieht.

Eine Kollegin hat mir z. B. ein Sprühhalsband ausgeliehen. Das ist ein kleiner Kasten, der an einem Halsband befestigt und mit einer Citrusflüssigkeit befüllt wird. Über eine Fernbedienung kann per Knopfdruck ein Sprühstoß ausgelöst werden, der den Hund ins Gesicht treffen soll, beziehungsweise von unten gegen die Schnauze sprüht. Das soll den Hund erschrecken, damit er mit dem aufhört, was er gerade tut.

Linus reagierte zu der Zeit nicht besonders gut auf den Rückruf und die Kollegin meinte, bei ihrem Hund hätte das super geholfen. Statt an einem Halsband hatte sie das Gerät an einem Halstuch befestigt, damit es »netter« aussieht. Dadurch verdrehte es sich oft, und anstatt Linus ins Gesicht zu sprühen, sprühte es auf den Boden. Zum Glück! So guckte Linus nur neugierig nach, was da auf dem Boden vor ihm passierte, wurde aber nicht, wie eigentlich vorgesehen, stark erschreckt. Heutzutage gehört solch ein Halsband für mich zu tierschutzwidrigem Equipment und sollte ganz verboten werden.

Nach einigen Jahren hatte ich wieder Lust darauf, etwas Neues mit Linus zu lernen. Also fing ich an, nach anderen Hundeschulen zu suchen und wurde bei 2 Damen fündig, die Clickertraining machten und bei denen ich nur mit Brustgeschirr auftauchen durfte. Ich hatte nicht bewusst nach einer Hundeschule gesucht, die ohne Druck arbeitete – mir gefiel einfach die Homepage und das sehr nette Telefonat.

Dort hörte ich zum ersten Mal etwas von Beschwichtigungssignalen und lernte, meinen Hund besser zu lesen. Ich weiß noch, wie unglaublich getroffen ich war, als mir gesagt (und gezeigt) wurde, wie sehr Linus mich beschwichtigt, wenn ich ihm das »Fuß«-Signal gebe. Er schleckte sich übers Maul, wendete immer wieder den Blick ab, während er gleichzeitig versuchte, mich im Blick zu behalten. Seine ganze Körpersprache war auf »hab Acht«.

Von einer Beziehung auf Augenhöhe waren wir noch meilenweit entfernt. Das war das erste Mal, wo mir richtig bewusst wurde, wie viel ich falsch gemacht hatte. Wie sehr ich meinen Hund misshandelt hatte. Mir war zum Heulen zumute. Das war auch der Moment, ab dem es in meinem Hirn so richtig »Klick« machte, und ich anfing, mich wirklich über Hunde und Hundetraining zu informieren.

In einer anderen Stunde wurde uns die folgende Aufgabe gegeben: Ich sollte mich auf einen Stuhl setzen und einen Keks essen. Die Hunde durften machen, was sie wollten, außer zu versuchen, den Keks zu klauen. Linus war vollkommen durch den Wind. Ich habe ihm ja keine Ansage gemacht, kein Verhalten gegeben, das er nun ausüben sollte. Das kannte er nicht. Ich habe ihm bisher immer gesagt, was er zu tun hat. Er winselte, sprang mich an, war total gestresst. Das war die zweite Situation, die mir noch mehr die Augen geöffnet hatte.

Ab diesem Moment verschlang ich alles an Hundebüchern, was ich finden konnte. Jeden Samstag gab es dort eine Spielstunde, die mir in erster Linie dazu diente, in dem kleinen Shop einzukaufen und mich mit neuem Lesematerial zu versorgen. »Es würde Knochen vom Himmel regnen« von Suzanne Clothier hat mich damals sehr beeindruckt. Ich wollte mehr wissen, mehr lernen, mehr mit Hunden arbeiten.

Gemeinsam belegte ich mit Linus einige Kurse und je mehr ich mich auf ihn einließ, desto mehr kam von seinem Wesen durch. Er wurde lustiger, experimentierfreudiger und zeigte Seiten von sich, die ich bis dahin noch nicht kannte. Durch den neuen, freundlichen und fairen Umgang wuchsen Linus und ich zu einer Einheit zusammen. Es hat eine ganze Weile gedauert, bis er mir vertraut hat, dass ich nicht mehr die alten Wege einschlage. Und es hat einige Zeit gedauert, bis ich die bis dahin schon recht tief verankerten automatischen Verhaltensweisen von mir in den Griff bekam.

Das Schlimme an dem alten Training war: Ich war wirklich gut darin. Mein Timing der Leinenrucks, meines Spielchens zwischen Zuckerbrot und Peitsche, war außerordentlich gut. Und ich ertappe mich noch heute dabei, dass ich dieses Verhalten jederzeit wieder abrufen könnte. Diese alten Muster sitzen tief. Sie verschwinden nicht einfach, nur weil man es besser weiß. Sie lassen sich überschreiben, aber nicht löschen. Das gilt nicht nur für Menschen, sondern auch für unsere Hunde.

Genau deshalb lohnt es sich, einmal genauer hinzuschauen: Wie funktioniert Lernen eigentlich – bei uns und unseren Hunden? Und warum greifen alte Verhaltensweisen oft genau dann wieder, wenn es emotional oder stressig wird?

Lernen, das verbindet

Beim Menschen wissen wir, dass Gelerntes nicht komplett gelöscht, sondern nur überschrieben wird. Bei Hunden ist das genauso. Verhaltensweisen, die lange eingeübt wurden, werden erst einmal präferiert. Hunde wiederholen ein Verhalten, welches sich (für sie) lohnt. Das muss kein Verhalten sein, das wir als Menschen gut finden – hat ein Hund beispielsweise oft genug Erfolg damit, Essbares zu klauen, wird er das öfter tun. Auch wenn wir das nicht gut finden.

Lernen ist wie Wege im Gehirn zu gehen. Wenn du etwas Neues lernst, gehst du einen zugewachsenen Trampelpfad entlang. Du musst den Weg von überwuchernden Pflanzen befreien, um ans Ziel zu kommen, und das ist beschwerlich. Vielleicht stehen am Wegesrand Dornbüsche, die sich in deinen Kleidern verfangen, und es ist sehr schwer voranzukommen. Je öfter du jedoch diesen kleinen Pfad nimmst, desto freier wird der Weg, jedes Mal geht es etwas leichter. Irgendwann gehst du entspannt einen schönen Weg entlang. Die Dornbüsche haben sich als Rosen entpuppt, die nun deinen Weg bereichern, anstatt dich zu hindern, und du freust dich richtig darauf, genau diesen Weg zu wählen.

Wenn du aber den Weg vernachlässigst, dich mehr um andere Dinge kümmerst, wird dieser langsam aber sicher zuwachsen, bis du wieder vor einem ähnlich überwucherten Pfad stehst wie zu Beginn der Geschichte. Dieses Mal wird es etwas schneller und leichter gehen, ihn frei begehbar zu machen, aber es macht trotzdem Mühe. Wir tendieren dazu, erst einmal die altbekannten und oft gegangenen Wege zu gehen, da dies viel einfacher ist. Es bedeutet Anstrengung und Willenskraft, sich neuen Wegen zu öffnen, und jeder Mensch ist anders veranlagt.

Es gibt die Abenteurer unter uns, die immer wieder die Urwaldwege suchen und es als Bereicherung empfinden, neue Wege anzulegen und zu neuen Zielen zu gelangen. Es gibt die eher phlegmatischen Menschen, die sich äußerst ungern solch wilden Wegen zuwenden und dies nur tun, wenn sie von außen gezwungen werden. Und es gibt die Menschen, die jemanden an ihrer Seite brauchen, um die ersten Male neue Wege zu finden. Gemeinsam ist es oft auch viel leichter, dranzubleiben.

Auch bei Hunden bestehen diese Wege im Gehirn, und ist ein Weg erst einmal schön freigelegt und gut begehbar, fungiert er wie eine Autobahn. Es ist der schnellste Weg, um ans Ziel zu kommen. Solange sich dieses Verhalten lohnt und keine Alternativen angeboten werden, bleiben Hunde auf dieser Autobahn.

Nehmen wir als Beispiel einen Hund, der gelernt hat, dass andere Hunde Gefahr bedeuten, und dass es sich lohnt, diese zu verbellen und aggressiv anzugehen. Durch dieses Verhalten kann er sich fremde Hunde vom Hals halten. Also ist hier die Autobahn: aggressives Verhalten zeigen beim Auftauchen anderer Hunde.

Arbeite ich nun aversiv, also über Gewalt und Strafen, mit meinem Hund, rucke ihn jedes Mal, wenn er aggressiv auf andere Hunde reagiert, am Halsband zurück und brülle ihm »AUS« oder »NEIN« ins Gesicht, zeige ich ihm keinen neuen Weg, keine Umleitung, die er nehmen kann, um zum Ziel zu kommen. Stattdessen ramme ich vor ihm ein Stoppschild in den Boden, an dem er nicht vorbeikommt.

Leider ist mein Hund in voller Fahrt, der Bremsweg ist ziemlich lang und er kommt auch nicht mehr ans Ziel. Da steht er nun und weiß nicht mehr aus noch ein, und es bleibt ihm nur, entweder das Stoppschild zu rammen, um weiterzukommen, oder den gleichen Weg zurückzufahren. Das eine bringt ihm härtere Strafen ein, das andere bringt ihn nicht ans Ziel.

Wäre es nicht viel besser, ihm ein Umleitungsschild hinzustellen und ihm zu zeigen, dass es einen besseren, neuen Weg zum Ziel gibt? Oder dass vielleicht sogar ein anderes Ziel viel toller wäre? Lernen funktioniert auf vielen Ebenen, und die schauen wir uns jetzt einmal an.

Foto: Annegret Hesemann

Sandy war eine sehr liebe Hündin, die kaum etwas kennengelernt hatte.

Lernen durch Nachahmung

Meine Eltern hatten eine Hündin aufgenommen, die noch nicht viel in ihrem Leben gesehen hatte. Als meine Mama das erste Mal ein Intelligenzspielzeug mit ihr ausprobieren wollte, hatte Sandy gar keinen Plan, wie das funktionieren kann, und hat auch nichts ausprobiert. Bei diesem Spiel mussten kleine Hütchen hochgehoben und Schalter geschoben werden, um an die Leckerchen zu kommen. Als ich mit meiner Kisha zu Besuch war, habe ich ihr das Spiel gegeben. Sie kannte es und konnte alles gut lösen. Beim ersten Durchgang war Sandy zwar in der Nähe, aber noch nicht interessiert. Bei der zweiten Runde wurde sie neugierig. In der dritten Runde schaute sie konzentriert zu. Und als ich das vierte Mal das Spielzeug mit den Leckerchen befüllte, schubste sie Kisha zur Seite und löste das Spiel in einem Rutsch. Danach war sie unglaublich stolz auf sich und liebte ab diesem Zeitpunkt das Spiel.

Lernen durch Versuch und Irrtum – oder instrumentelles Lernen

Auch diese Lernform darf nicht fehlen. Hunde lernen – genau wie wir Menschen – durch Versuch und Irrtum. Sie probieren Dinge aus, und Verhalten, das zum Erfolg führt, wird häufiger gezeigt. So lernen Hunde beispielsweise, Türen zu öffnen. Sie möchten aus einem Raum raus und probieren alles Mögliche, um die Tür zu öffnen: kratzen, bellen und hochspringen. Durchs Hochspringen kommen sie durch Zufall an die Türklinke und die Tür öffnet sich. Beim nächsten Mal springen sie an der Tür hoch, aber es passiert nichts, weil sie die Klinke nicht treffen. Das Springen wird wiederholt und die Klinke getroffen. Ab jetzt wird gezielter darauf geachtet, dass die Klinke heruntergedrückt wird und nun musst du die Türen abschließen, damit dein Hund nicht alleine spazieren gehen kann.

Klassische Konditionierung nach Pawlow

Bei der klassischen Konditionierung verknüpfen Hunde vereinfacht gesagt 2 Reize, die dann zu einer neuen Reaktion führen. Wenn du einen neuen Hund hast, reagiert er noch nicht darauf, wenn du die Leine in die Hand nimmst. Nach einigen Tagen oder Wochen hat dein Hund die Leine mit Spazierengehen verknüpft und freut sich schon, sobald er sie sieht. Hier wurden also

2 vorher nicht miteinander verknüpfte Reize – Leine plus Spazierengehen – mit der Freude beim Spazierengehen verknüpft. Die Leine kündigt das Gassi an, daher zeigt der Hund die Freude schon, sobald du zur Leine greifst.

Operante Konditionierung nach Skinner

Hier verknüpft der Hund ein Verhalten mit einer Konsequenz. Die operante Konditionierung wird in 4 Lernquadranten unterteilt:

- **Positive Verstärkung:** Ein Hund zeigt ein Verhalten, z. B. ein Sitz, und bekommt dafür eine Belohnung. Er wird das Sitz ab jetzt öfter zeigen, da es sich gelohnt hat. Das Verhalten wird häufiger.
- **Negative Verstärkung:** Hierbei wird etwas Unangenehmes beendet. Wenn wir beim Beispiel »Sitz« bleiben, könnte das wie folgt aussehen: Du drückst den Hund mit der Hand nach unten, der Druck ist unangenehm für deinen Hund. In dem Moment, in dem er sich hinsetzt, nimmst du deine Hand weg und der Druck hört auf. Auch hier wird der Hund das Verhalten häufiger zeigen.

Positive Verstärkung Etwas Positives kommt hinzu, z. B. bekommt dein Hund ein Leckechen.	**Negative Verstärkung** Etwas Unangenehmes wird entfernt, z. B. Zug auf der Leine oder Druck auf ein Körperteil
Negative Strafe Etwas Angenehmes wird entfernt, z. B. Aufmerksamkeit	**Positive Strafe** Etwas Unangenehmes wird hinzugefügt, z. B. Leinenruck, mit Wasser bespritzen etc.

- **Positive Strafe:** Etwas Unangenehmes folgt auf ein Verhalten. Ein Hund springt dich an und du schubst ihn weg oder stößt ein Knie in seine Brust. Das Verhalten wird, wenn der unangenehme Reiz stark genug war, weniger.
- **Negative Strafe:** Etwas Angenehmes wird entzogen. Ein Hund springt dich an und du drehst dich weg und beachtest deinen Hund nicht. Du entziehst ihm also die Aufmerksamkeit (etwas Angenehmes) und das Verhalten wird weniger.

VIDEO

Negative Strafe

Lernen ist ein Prozess

Egal auf welchem Weg dein Hund etwas Neues lernt – sei es durch Nachahmung, über Versuch und Irrtum oder durch gezieltes Training – eins gilt immer: Lernen ist ein Prozess. Und dieser Prozess braucht Zeit, Wiederholungen und vor allem Geduld. Viele Menschen unterschätzen, wie viel es bedeutet, ein Verhalten zuverlässig abrufen zu können – in verschiedenen Situationen, mit unterschiedlichen Ablenkungen und bei wechselnder Tagesform. Gerade wenn das neue Verhalten dem widerspricht, was der Hund eigentlich lieber tun würde – z. B. das Reh zu jagen statt abrufen lassen – braucht es eine besonders stabile Lernbasis.

Damit dein Hund Verhalten wirklich versteht, durchläuft er in der Regel 4 Phasen:

1. **Aufbau des neuen Verhaltens**
2. **Wiederholungen**
3. **Generalisierung**
4. **Aufrechterhaltung des Gelernten**

Aufbau des neuen Verhaltens

Während dieser Phase geht es darum, deinem Hund zu erklären, was genau du von ihm möchtest. Nehmen wir einmal an, du möchtest ihm beibringen, dass er auf ein Signal hin an einer bestimmten Stelle bleibt. Bevor du mit dem Training anfängst, solltest du dir folgende Dinge überlegen: Welches Wortsignal möchtest du verwenden, welches Handsignal (ich empfehle immer, ein Verhalten über Wort- und Sichtsignal zu üben) und was genau soll dein Hund tun? In unserem Fall soll der Hund an der Stelle bleiben, an der er sich gerade befindet. Er darf sich aussuchen, ob er sitzt, steht oder liegt, und soll so lange warten, bis du ihn wieder freigibst.

Der Aufbau kann wie folgt aussehen: Du hast dir überlegt, dass dein Wortsignal »Bleib« ist, dein Sichtzeichen ist eine abstoppende Handbewegung. Dein Hund ist bei dir in der Nähe und ist nicht abgelenkt. Das kann in deiner Wohnung sein oder im Garten. Du sprichst deinen Hund freundlich mit Namen an, gibst dein Handsignal, darauf folgt das Wort »Bleib«. Jetzt bewegst du dich 1 bis 2 Schritte zurück und gehst gleich wieder zum Hund und belohnst ihn.

Zu Beginn bewegst du dich rückwärtsgehend vom Hund weg und hältst die Distanz klein.

Als Zwischenschritt kannst du dich seitlich von deinem Hund wegbewegen, so dass du ihm noch nicht ganz den Rücken zudrehst.

Wenn dein Hund die Übung verstanden hat, kannst du die Übung schwerer machen, indem du dich entweder ganz abwendest oder die Distanz erhöhst.

Du kannst diese Übung jetzt noch ein- bis zweimal wiederholen, dann löst du deinen Hund z. B. mit »Frei« oder »Schau und weiter« auf. Du befindest dich immer noch in ablenkungsarmer Umgebung und dein Hund ist ganz bei dir in der Nähe. Jetzt folgt die nächste Phase.

Wiederholungen

Bis ein Verhalten gut gelernt ist, braucht es tausende Wiederholungen. Wenn dein Hund eine Übung ein paarmal ohne Ablenkung gut geschafft hat, bedeutet das nicht, dass er dieselbe Übung an einem anderen Tag, an einem anderen Ort oder unter Ablenkung immer noch genauso gut kann. Für dich heißt das: Je öfter dein Hund eine Übung erfolgreich meistert, desto tiefer wird sie im

VIDEO

»Bleib« aufbauen

Gehirn verankert und desto besser ist sie später abrufbar. Aber – und das ist wichtig – das bedeutet nicht, dass du jetzt stundenlang am Stück trainieren solltest. Im Gegenteil: Zu lange Trainingseinheiten können schnell zur Überforderung führen.

Ich persönlich binde das Training im Alltag ein, dadurch bleibt es für meine Hunde und mich interessanter. Trainierst du zu lang, kann es sein, dass die Konzentration nachlässt und dein Hund die Übung nicht mehr schafft. Dann geht ihr beide frustriert aus dieser Situation und das ist fürs Lernen nicht förderlich. Wie lang und wie viel du mit deinem Hund üben kannst, hängt natürlich immer vom Individuum ab. Manche Hunde haben mehr Spaß und können sich länger konzentrieren, bei anderen reichen 2 bis 3 Übungen. Ich würde immer aufhören, wenn es noch richtig gut läuft, dadurch bleibt die Motivation höher.

Tipps fürs Training im Alltag

1. **Kurz, aber regelmäßig**
   Mehrere kurze Übungseinheiten über den Tag verteilt sind viel wirkungsvoller als eine lange. Schon 2 bis 5 Minuten pro Einheit reichen völlig aus!
2. **Hör auf, wenn's am schönsten ist**
   Beende das Training, solange dein Hund noch konzentriert und motiviert ist. So bleibt die Lust am Lernen erhalten – und der Erfolg stellt sich schneller ein.
3. **Nutze Alltagssituationen**
   Binde das Training in eure täglichen Routinen ein: beim Anziehen des Geschirrs, an der Haustür, auf dem Spaziergang. So wird Lernen ganz selbstverständlich.

Generalisierung und Ablenkungen

Viele Hunde sind nicht besonders gut darin, Gelerntes zu generalisieren. Das heißt: Sie können eine Übung oft nicht automatisch auf andere Situationen übertragen. Bleiben wir beim Beispiel Bleib: Du hast mit deinem Hund fleißig geübt – in der Wohnung, im Garten, auf ruhigen Spazierwegen. Alles klappt wunderbar und du kannst dich schon 10 Schritte rückwärtsgehend von ihm wegbewegen.

Jetzt drehst du dich das erste Mal von deinem Hund ab und gehst mit dem Rücken zu ihm weg. Dein Hund springt auf und läuft hinter dir her. Denn er hat bisher nur gelernt: Wenn du dich wegbewegst, schaust du immer zu ihm. Dass du dich von ihm wegdrehst, habt ihr noch nicht geübt, daher fällt deinem Hund diese Variante schwerer. Die Zwischenschritte, die du noch einbauen solltest, bevor du dich normal von deinem Hund wegbewegst, sind:

- Seitlich von deinem Hund wegbewegen, dabei wieder mit 1 bis 2 Schritten anfangen.
- Erst wenn das mit 10 Schritten gut klappt, wendest du dich ganz ab und übst das zuerst wieder nur mit 1 bis 2 Schritten, bis du dich zu einer größeren Distanz hochgearbeitet hast.

Hunde lernen sehr kontext- und ortsbezogen. Daher ist es so wichtig, eine Übung, wenn sie ohne Ablenkung gut funktioniert, an den verschiedensten Orten und in diversen Situationen zu üben, also zu generalisieren. Mache die Übung immer nur so schwer, dass dein Hund sie noch schaffen kann. Und füge immer wieder sehr einfache Übungen ein, damit dein Hund regelmäßig schnelle und einfache Erfolge hat. So wird Gelerntes besser gefestigt.

So hilfst du deinem Hund beim Generalisieren

Starte einfach – steigere langsam: Übe zuerst an ruhigen Orten, die dein Hund gut kennt (Wohnung, Garten). Dann erweitere das Training Schritt für Schritt (z. B. Park, Stadt, bei Freunden).

Verändere systematisch die Umgebung: Übe dieselbe Übung mit anderen Untergründen, Tageszeiten, Wetterbedingungen oder fremden Menschen in der Nähe.

Trainiere mit Ablenkungen: Baue gezielt Ablenkungen ein – z. B. ein zweiter Hund in Sichtweite, spielende Kinder, fremde Gerüche –, aber so dosiert, dass dein Hund noch erfolgreich sein kann.

Belohne großzügig, wenn es klappt: Je schwieriger die Situation, desto hochwertiger die Belohnung – z. B. Lieblingsleckerli, Spiel, soziales Lob.

Hab Geduld – und feiere kleine Erfolge: Generalisierung braucht Zeit. Jeder Schritt zählt. Jeder Rückruf, der auch in neuer Umgebung klappt, ist ein echter Meilenstein.

Hunde lernen immer

Hunde lernen nicht nur dann, wenn wir gezielt mit ihnen trainieren. Ob wir wollen oder nicht: Lernen passiert immer. Genau deshalb ist es so wichtig, sich mit den grundlegenden Prinzipien des Lernens auseinanderzusetzen. Eine Kollegin hat einmal gesagt: Du bekommst den Hund, den du dir trainierst. Das bezog sich auf die Tatsache, dass wir im Alltag häufig unbewusst Verhalten verstärken, welches wir eigentlich nicht verstärken möchten. Ganz so krass sehe ich das nicht, denn es gibt viele Dinge, die das Verhalten meines Hundes beeinflussen, und nicht alle liegen in meiner Hand.

Ein Beispiel aus meinem früheren Alltag: Mein Ex-Mann stand irgendwann genervt vor mir und meinte, ich müsse den Hunden das Betteln abgewöhnen. Immer, wenn er in der Küche im Stehen etwas esse, würden ihn 3 Hunde belagern und sabbernd vor ihm sitzen. Was war passiert? Er hatte den Hunden regelmäßig ein Stück von dem Käse abgegeben, den er sich aus dem Kühlschrank geholt hatte. Die Hunde lernten: Herrchen geht zum Kühlschrank und wir bekommen Käse. Sie haben auch gelernt: Das passiert nur, wenn Herrchen zum Kühlschrank geht. Bei mir haben unsere Hunde nicht gebettelt, weil sie wussten, da gibt es nichts.

Ein anderes Beispiel: Der Hund einer Bekannten hatte schnell verstanden, dass es Kekse gibt, wenn er während eines Telefonats bellt. Anfangs war das Frauchens einfachste Lösung, um wieder Ruhe zu haben. Doch mit der Zeit wurde das Bellen immer intensiver – bis sie kaum noch telefonieren konnte.

Lernen ist ein Prozess. Nicht nur für unsere Hunde – sondern auch für uns. Immer wieder wird im Hundetraining davon gesprochen, wie Hunde lernen, wie man Verhalten verstärkt oder wie wichtig Timing ist. Doch was dabei oft vergessen wird: Auch wir Menschen sind Lernende. Und gerade, wenn es um das Miteinander von Mensch und Hund geht, lernen immer 2. Deshalb lohnt es sich, einmal den Blick auf unser eigenes Lernen zu werfen. Denn das unterscheidet sich kaum vom Hund.

Lernen beim Menschen

Die Mechanismen, die hinter dem Lernen stehen, sind im Großen und Ganzen dieselben wie beim Hund. Auch wir lernen durch Versuch und Irrtum, wir wiederholen die Dinge, die sich gut anfühlen, und vermeiden in der Regel Dinge, die wir als unangenehm empfinden. Auch die Prinzipien der Konditionierung greifen bei uns. Wir brauchen Zeit und viele Wiederholungen, bis sich Gelerntes gefestigt hat, und wir müssen genauso generalisieren wie unsere Hunde.

Wenn du jetzt gemeinsam mit deinem Hund auf der Trainingsreise bist, solltest du daran denken, dass nicht nur dein Hund Zeit und Geduld braucht, sondern auch du. Lernen passiert (bei beiden) nicht über Nacht.

Ich finde 2 Dinge besonders wichtig, wenn wir uns das Lernen bei Hunden und bei Menschen anschauen. Erstens: In der Regel lernt ihr beide gerade. Vielleicht weißt du noch nicht so richtig, wie Training funktioniert, und lernst erst, wie du deinem Hund verschiedene Dinge beibringen kannst. Dadurch, dass du es noch nicht richtig gut kannst, unterlaufen dir Fehler. Das ist gar nicht schlimm und gehört zum Lernen dazu. Allerdings solltest du dies immer im Hinterkopf haben, wenn dein Hund beim Training nicht so gut vorankommt, wie du dir das wünschst.

Die erste Frage, die ich mir in solchen Momenten stelle, ist: Habe ich Fehler in meinem Training gemacht? Habe ich etwas nicht gut genug erklärt oder habe ich unbewusst Verhalten verstärkt, das ich eigentlich abtrainieren wollte? Denn wenn jemand, der selbst noch lernt, jemandem etwas erklärt, der gar nicht weiß, worum es geht, kann das schiefgehen.

Zweitens: Wir Menschen entscheiden uns bewusst dazu, etwas Neues zu lernen. Sei es Italienisch oder in meinem Fall Gitarre spielen. Ich möchte das. Deswegen übe ich mal mehr, mal weniger gerne, aber ich habe ein Ziel vor Augen. Und ich kann auch entscheiden, wenn ich nicht weiterlernen möchte.

Unsere Hunde werden von uns zum Lernen gezwungen. Wir wollen ihnen Dinge beibringen, damit wir sie besser durch unseren Alltag führen können, damit sie sich gut in die Familien einfügen oder auch, weil wir ambitioniert sind und Hundesport machen möchten. Das Grundstück nicht zu verteidigen, das Reh nicht zu jagen oder die Essensreste im Mülleimer zu lassen, sind Dinge, die gegen die Natur des Hundes gehen. Wir treffen die Entscheidung für unsere Hunde, dass sie dieses Verhalten nicht mehr zeigen sollen. Es fehlt den Hunden also die Entscheidungsfreiheit und das Verstehen, welcher Sinn hinter dem Training steckt.

Natürlich lernen Hunde auch vieles, was sie lernen möchten: den Mülleimer öffnen, über einen Zaun klettern oder einem Kind das Brötchen aus der Hand stibitzen. All das ergibt für Hunde durchaus Sinn. Bei Fuß gehen, zurückkommen, wenn gerade mit dem besten Kumpel gespielt wird, oder nicht an der Leine ziehen ist aus Hundesicht nicht nachvollziehbar.

Und wenn du all das in Betracht ziehst: wie Hunde lernen, dass auch du noch am Lernen bist und nicht immer alles perfekt erklärst, dass dein Hund sich nicht für die Dinge entscheidet, die du ihm beibringen möchtest – dann wird klar: Hundetraining ist kein einseitiger Prozess, sondern ein gemeinsamer Lernweg, auf dem Verständnis, Geduld und Kommunikation auf Augenhöhe das Wichtigste sind.

Hunde und Menschen lernen ähnlich

Lernverhalten
Lernen beim Menschen und Hund funktioniert ähnlich: Alte Verhaltensweisen werden nicht gelöscht, sondern durch neue überschrieben. Dies erfordert Wiederholung und Übung. Unter Stress greifen Menschen oft auf alte, bewährte Muster zurück, da neue Wege noch nicht gefestigt sind. Ähnlich bei Hunden: Sie bevorzugen bekannte Verhaltensweisen, die für sie »funktionieren«. Wenn man durch Strafen eingreift, ohne Alternativen zu bieten, blockiert man den Hund, statt ihm einen neuen Weg zu zeigen. Besser wäre es, dem Hund eine neue, positive Verhaltensweise anzubieten, die ihn zum Ziel führt.

Die Weichen werden auf »Hund« gestellt

Ich beschäftigte mich immer mehr mit dem Thema und fragte in meiner Hundeschule nach einem Praktikumsplatz. Aus verschiedenen Gründen ging es dort nicht, aber es wurde mir geraten, zu animal learn zu gehen – dort gäbe es viele gute Seminare zu dem Thema. Also nahm ich dort Kontakt auf und buchte mein erstes Training.

Als ich zum ersten Termin – dank eines Staus mit großer Verspätung – eintraf, gab es ein Anamnesegespräch. Während dieses Gesprächs erzählte ich, dass Linus laut Tierschutzverein ein Berner-Sennen-Schäferhund-Mischling sei, was wir schon alles an Training gemacht hatten und dass er zunehmend mehr unser Haus und auch mein Büro bewachte.

Ich erinnere mich noch gut daran, dass Clarissa von Reinhardt ziemlich gelacht hat und mir dann erklärte, was ich für einen Hund an meiner Seite hatte: einen Hovawart-Mischling, der seinen Job ziemlich gut macht – nämlich als Hof-Wart auf Haus und Hof aufzupassen. Das war das erste Mal, dass mir jemand meinen Hund wirklich erklären konnte und mir einen genauen Plan an die Hand gab, wie ich mit diesem Verhalten umgehen kann, ohne dass ich grob werden musste.

Wir sprachen auch darüber, dass Linus sich auf unserem Grundstück immer frei bewegen konnte und dabei oft die Reste, die unser Vermieter für die Füchse rauslegte, vor den Füchsen gefunden und gefressen hat. Ich machte mir Sorgen, ob er irgendwann dadurch zu dick wird, und überlegte, wie ich das abtrainieren konnte. Clarissas Antwort darauf: »Lass ihm die Freude, etwas Tolles draußen zu finden. Und pass einfach seine Mahlzeiten an.« Genau das haben wir getan – er hat alles vertragen, was er gefunden hat, und dieses Stück Lebensqualität wollten wir ihm nicht nehmen.

Nach und nach passierte etwas Spannendes: Je mehr ich mich mit dem Thema Hund befasste, desto mehr änderte sich in meinem Leben. Nach 6 Jahren Festanstellung kündigte

ich – und bekam direkt einen großen Auftrag über einen ehemaligen Kollegen. Durch die Freundlichkeit eines Beamten beim Arbeitsamt erhielt ich den Förderzuschuss für Existenzgründer und konnte mir dadurch die Ausbildung zur Hundetrainerin bei animal learn leisten. Ich meldete mich dort trotz des anfänglichen Widerstandes meines Mannes an. Auch hier war ich in den vergangenen Jahren gewachsen, lernte durchs Lernen über Hunde auch immer mehr über mich selbst und ging nicht mehr nur den Weg des geringsten Widerstandes.

Durch die Selbstständigkeit war ich nicht auf Urlaubsanträge angewiesen, um die Ausbildung zu machen, und da wir in der Nähe wohnten, nahm ich so viele Gelegenheiten wie möglich wahr, im Training mitzulaufen. Je mehr ich über das Verhalten von Hunden lernte, umso mehr wunderte ich mich über mich selbst und fragte mich, wie ich es zu Beginn so weit hatte kommen lassen.

Das Wichtigste, das ich aus dieser Zeit mitnahm, war, dass man Hunden die Chance geben muss, ohne Stress zu lernen. Und dass wir erst einmal bei uns selbst schauen sollten, wenn unser Hund irgendetwas nicht versteht. Vielleicht haben wir noch nicht den richtigen Ansatz gefunden, um es ihm richtig zu erklären. Vielleicht verlangen wir zu früh zu viel. Vielleicht liegen die Talente unseres Hundes ganz woanders. Das Gleiche gilt im Übrigen auch für das Lernverhalten von Menschen …

Und das ist der zweite so wichtige Punkt: Es geht nicht nur darum, unseren Hunden das Richtige beizubringen, sondern als Trainerin auch darum, die Menschen dort abzuholen, wo sie gerade stehen.

Wenn mich zu Anfang jemand »belehrt« hätte, dass ich meinen Hund quäle, wäre ich einfach gegangen und hätte mir gedacht, was das für ein ahnungsloser Vollidiot ist. Erstens wäre der Zeitpunkt der falsche gewesen, da ich noch gar nicht in der Lage gewesen wäre, mein Denken zu ändern, und dann wäre es die falsche Herangehensweise gewesen. Wie viele Menschen lasse ich mich ungerne als dumm hinstellen.

Gewaltfrei Kommunizieren und Trainieren

Die Gewaltfreie Kommunikation (GFK) ist ein Handlungskonzept, das von Marshall B. Rosenberg entwickelt wurde. Es soll Menschen ermöglichen, so miteinander umzugehen, dass der Kommunikationsfluss zu mehr Vertrauen und Freude am Leben führt. GFK kann in diesem Sinne sowohl bei der Kommunikation im Alltag als auch bei der friedlichen Konfliktlösung im persönlichen, beruflichen oder politischen Bereich hilfreich sein. Im Vordergrund steht nicht, andere Menschen zu einem bestimmten Handeln zu bewegen, sondern eine wertschätzende Beziehung zu entwickeln, die mehr Kooperation und gemeinsame Kreativität im Zusammenleben ermöglicht. Manchmal werden auch die Bezeichnungen »Einfühlsame Kommunikation«, »Verbindende Kommunikation«, »Sprache des Herzens« oder »Giraffensprache« verwendet.

Quelle: Wikipedia

Wer andere Menschen für neue Sichtweisen gewinnen möchte, erreicht selten etwas, indem er ihnen vorhält, wie falsch ihr Verhalten ist und ihnen vorschreibt, was sie stattdessen tun sollen. Das erzeugt Widerstand. Denn niemand wird gerne bloßgestellt. Niemand öffnet sich für andere Lösungen, wenn er sich angegriffen fühlt.

Auch wenn es schwerfällt: In vielen Fällen ist die gewaltfreie Kommunikation der deutlich bessere Weg. Hierbei ist es wichtig, ehrliches Interesse am anderen zu zeigen und nicht sofort in die Verurteilung zu gehen. Stattdessen fragt man nach, warum der oder die andere so handelt. Je mehr Verständnis ich zeige, desto größer ist die Chance, dass mein Gegenüber mir zuhört. Wenn Menschen gewaltvoll mit Hunden umgehen, wissen sie es oft nicht besser, sind mit ihrem Latein am Ende oder der Trainer hat erklärt, dass dies der einzige richtige Weg ist. Diese Menschen können wir eher erreichen, indem wir ihre Sorgen ernst nehmen und nicht verurteilend mit ihnen reden. Wenn sich mein Gegenüber ernst genommen fühlt, kann ich neue Wege aufzeigen und die Person ist offen für neue Vorschläge.

Natürlich gibt es genauso Menschen, bei denen diese Herangehensweise gar nichts bringt. Wenn ich sehe, wie ein Hund drangsaliert, geschlagen oder getreten wird, werde ich in der Regel auch laut. Unter anderem, um die andere Person zu unterbrechen. Manchmal hilft eine deutliche Ansage. Oft ist es aber so, dass die Ansichten derart festgefahren sind, dass alles Reden nichts hilft.

Gewaltfreie Kommunikation mit dem Hund

Mit Menschen können wir reden, diskutieren und den Dingen auf den Grund gehen. Das funktioniert auf den ersten Blick mit unseren Hunden nicht. Was also hat die gewaltfreie Kommunikation mit Hundetraining zu tun?

Du kannst deinen Hund zwar nicht fragen, warum er etwas tut. Aber du kannst versuchen, seine Bedürfnisse zu verstehen. Du kannst überlegen und analysieren, ob er Stress oder Schmerzen hat. Wenn du das weißt, kannst du dir Lösungen überlegen, um deinem Hund zu helfen, sich besser in unserer Menschenwelt zurechtzufinden.

Anstatt zu warten, bis Karlchen oder Kira etwas falsch machen, um sie dann mit Strafen zu korrigieren, belohnst du vorher das richtige Verhalten. Bevor ein Hund etwas (in unseren Augen) Falsches macht, tut er erst einmal etwas Richtiges. Und das gilt es zu verstärken.

Dein Hund springt dich an? Bevor er das tut, hat er alle 4 Pfoten auf dem Boden und du kannst ihn dort freundlich abfangen und loben. Du musst NICHT abwarten, bis er dich anspringt, um ihm dann das Knie in die Brust zu rammen und ihn dadurch abzustrafen.

Dein Hund reagiert aggressiv auf andere Hunde? Es gibt eine Distanz, in der er dies noch nicht tut. In dem Moment, in dem dein Hund einen anderen Hund wahrnimmt, aber noch nicht ausrastet, lobst du ihn und erklärst ihm, was für ein unglaublich toller Hund er ist. Bleib ruhig, zeige ihm durch dein Verhalten, dass alles gut ist. Je ruhiger und entspannter du bleibst, desto besser schafft dein Hund die Situation.

Im zweiten Kapitel habe ich dir anhand verschiedener Beispiele erklärt, wie genau ein Aufbau aussieht, wenn er strafbasiert erfolgt. Hier folgen dieselben Beispiele mit einem gewaltfreien Trainingsaufbau.

Beispiel 1: »Bei Fuß«

Es gibt im positiven Training mehrere Möglichkeiten, ein »Bei Fuß« aufzubauen – dies ist eine davon. Das Ziel ist, dass der Hund eine Zeitlang neben seinem Menschen geht. Er kann dabei an einem Brustgeschirr mit Leine geführt werden. Für den Aufbau ist es aber leichter, erst einmal ohne Leine zu üben.

Dazu lockst du deinen Hund mit einem Leckerchen in die gewünschte Position neben dich. Hier belohnst du deinen Hund und wiederholst die Belohnung einige Male, damit dein Hund lernt, dass diese Position sich lohnt.

Im nächsten Schritt sprichst du deinen Hund an und motivierst ihn, einen Schritt mit dir vorwärts zu gehen. Sobald er diesen Schritt tut, belohnst du ihn wieder, gehst den nächsten Schritt, belohnst ihn gleich wieder usw. Gehe zu Beginn nur einige Schritte, bevor du deinem Hund signalisierst, dass die Übung zu Ende ist. Wiederhole die Übung genauso, indem du zu Beginn wirklich jeden Schritt belohnst. Wenn das gut klappt, variierst du die Dauer zwischen den Belohnungen. Mal bekommt dein Hund nach jedem Schritt eine Belohnung, mal nach 3 und mal nach 2 Schritten. Achte hier wieder darauf, dass du in dem Bereich arbeitest, den dein Hund gut schaffen kann, um Fehler zu vermeiden.

Hier wird noch kein Signal gegeben – dieses führst du erst ein, wenn der Hund das Verhalten sicher zeigt. Du führst das Training also so lange fort, bis dein Hund sicher einige Schritte neben dir gehen kann. Wenn das geht, ohne dass du jeden Schritt belohnen musst, kannst du dein Signal »Bei Fuß« einführen.

Ab hier solltest du generalisieren. Das bedeutet, dass entweder langsam mehr Ablenkung eingebaut wird oder dein Hund weitere Strecken »bei Fuß« gehen kann. Achte darauf, dass du deinen Hund nicht überforderst und die Belohnungen nicht zu schnell ausschleichst.

Wichtig bei diesem Signal ist außerdem, dass du deinen Hund nicht in unangenehme Situationen bringst, in denen er ausweichen können muss. Nimm ihn daher nicht ins »Bei Fuß«, wenn es zu eng wird oder er signalisiert, dass er ausweichen möchte. In solchen Situationen leine deinen Hund an und gib ihm den Raum, den er braucht, um entspannt an bestimmten Reizen wie einem anderen Hund, einem lauten Auto oder einer Menschengruppe vorbeizugehen.

VIDEO

»Bei Fuß« aufbauen

Was lernt dein Hund?

Es ist toll und lohnt sich sehr, in der Nähe seines Menschen zu laufen. Auch bei diesen kleinen Übungen lernt dein Hund, dass du auf seine Bedürfnisse achtest und er dir vertrauen kann.

Nebenwirkungen: Dein Hund hat Spaß und eure Bindung wird besser. Eventuell musst du darauf achten, deinen Hund in den richtigen Momenten zu belohnen, damit er nicht immer zu dir schaut in Erwartung einer Belohnung. Das ist keine bequeme Haltung und er soll noch mitbekommen, was um ihn herum passiert. Besser ist es, wenn du die Belohnung dann gibst, wenn dein Hund schön neben dir geht und dabei geradeaus schaut. So lassen sich Verspannungen im Nacken vermeiden.

Beispiel 2: »Futteraggression«

Wenn ein Hund sein Futter verteidigt, ist das erst einmal kein Fehlverhalten. Unter Hunden darf jeder sein Futter oder andere Ressourcen verteidigen. Trotzdem kann es wichtig sein, dass du deinem Hund potenziell gefährliche Dinge abnehmen musst. Für viele Hunde ist das kein Thema, es gibt aber auch die Hunde, die stärker ihr Futter oder auch andere Schätze verteidigen.

Falls dein Hund kein Thema mit Ressourcen hat, solltest du ihn IMMER in Ruhe essen lassen. Dadurch beugst du einer Futteraggression vor. Je mehr du ihn beim Essen störst, indem du ihm z. B. das Futter ohne Vorwarnung wegnimmst oder auch nur mit der Hand hineinfasst, um zu zeigen, dass nichts passiert, umso größer ist die Wahrscheinlichkeit, dass dein Hund irgendwann anfängt (wenn er es nicht schon tut), sein Futter zu verteidigen.

Verteidigt dein Hund sein Futter oder andere Dinge, dann können dir die folgenden Schritte helfen. Hat er etwas zum Kauen, ist der erste Schritt, etwas Tolles hinzuzufügen. Wirf ihm ein paar Leckerbissen dazu, verlange aber nichts von ihm und halte den Abstand ein, in dem dein Hund noch nicht drohen muss. Er darf die Leckerbissen essen und sich dann gleich weiter seinem Kauzeug widmen. Dies wiederholst du so lange in kleinen Übungseinheiten, bis du merkst, dass dein Hund entspannt ist, wenn du dich ihm näherst, während er etwas kaut.

Nun verringerst du nach und nach die Distanz, aus der dein Hund die Leckerchen zugeworfen bekommt, bis du in seiner Nähe sein kannst und er trotzdem entspannt ist. Auch hier gehst du noch nicht an seinen Schatz, er darf weiterhin die zugeworfenen Leckerchen essen und sich dann

weiter seinem Kauknochen widmen. Hier steht der Vertrauensaufbau im Vordergrund und das Ziel, dass sich dein Hund sicher fühlt, wenn du in seiner Nähe bist, wenn er etwas für ihn Kostbares hat.

Ab jetzt kannst du parallel ein **»Gib's mir«** aufbauen, damit dein Hund zuverlässig alles ausspuckt, was er im Maul hat. Folgende Schritte sind dazu nötig:

- Dein Hund ist in der Nähe, es besteht keine oder kaum Ablenkung und er hat nichts im Maul.
- Gib ihm freundlich das Signal »Gib's mir« (oder welches Signal du verwenden möchtest) und lass einige Leckerchen auf den Boden fallen.
- Dies wiederholst du einige Male. Schaut dein Hund schon nach unten, wenn du »Gib's mir« sagst, kannst du das Signal geben, wenn du sitzt, herumgehst oder etwas trägst. So kannst du das Verhalten generalisieren.
- Als Nächstes gibst du das Signal, wenn dein Hund etwas für ihn Uninteressantes im Maul hat, und lässt auch jetzt wieder einige Leckerchen auf den Boden fallen. Wenn dein Hund sein Spielzeug ausspuckt, nimm es nicht weg, sondern lass ihn die Leckerchen aufessen und dann wieder sein Spielzeug nehmen.
- Wiederhole auch diesen Schritt so oft, bis dein Hund sein (uninteressantes) Spielzeug sofort ausspuckt, wenn du ihm das Signal dazu gibst. Bitte achte auch in diesem Schritt noch darauf, dass du deinem Hund das Spielzeug nicht abnimmst. Er soll es sich im Anschluss immer wieder holen dürfen.

Durch diese Schritte lernt dein Hund, dass es sich lohnt, Dinge auszuspucken, und dass er keine Angst haben muss, dass du ihm seinen Schatz sofort danach wegnimmst. Wenn es mit uninteressanten Dingen funktioniert, arbeite dich langsam zu für den Hund tolleren Dingen vor. Achte hier immer darauf, eine adäquate Belohnung zu haben. Für ein paar Stücke Trockenfutter wird dein Hund seinen Ochsenziemer wahrscheinlich nicht ausspucken.

Im nächsten Schritt übst du, dass du die ausgespuckten Dinge selbst in die Hand nimmst. Es fliegen immer noch die Leckerchen auf den Boden und während dein Hund diese frisst, nimmst du das Spielzeug in die Hand, betrachtest es kurz und gibst es deinem Hund wieder. Hierzu eignen sich wieder Spielzeuge, die dein Hund wenig interessant findet.

VIDEO

Ressourcen-verteidigung

Grundsätzlich gilt im Training immer: Wenn du eine Sache schwieriger machst, wird ein anderer Schritt im Ablauf leichter. In diesem Fall kann dein Hund auch für ihn hochwertigere Sachen ausspucken, wie das Lieblingsspielzeug oder eine Kaustange, ohne dass du es an dich nimmst. Wenn du jetzt üben möchtest, dass du diese Sache selbst in die Hand nehmen kannst, machst du die Übung leichter, indem du mit etwas für deinen Hund Langweiligem startest.

Jetzt haben wir schon 2 Dinge erreicht: Dein Hund fühlt sich wohl, wenn er etwas Tolles frisst und du in seiner Nähe bist, und er kann auf Signal hin für ihn wichtige Dinge ausgeben. Nun musst du diese Elemente nur noch zusammenbauen und hast auf Dauer einen Hund, der kein Problem damit hat, wenn du ihn bittest, etwas Essbares auszuspucken. Vor allem bei der Futter- oder Ressourcenaggression möchte ich jedoch darauf hinweisen, dass du bei schwerwiegenden Fällen einen positiv arbeitenden Trainer kontaktieren solltest. Denn bei diesem Training ist das richtige Timing und das gute Lesen der Hundesprache extrem wichtig.

Die Beispiele zeigen konkret, wie du trainieren kannst. Es gibt aber noch einige allgemeine Punkte, die in jedem Training wichtig sind, vor allem dann, wenn es sich um problematisches Verhalten handelt.

Beispiel 3: Aggressionsverhalten gegenüber anderen Hunden

Wenn es sich um ein Thema wie Aggressionsverhalten gegenüber anderen Hunden handelt, muss eine gute Anamnese gemacht werden, bevor du mit dem Training starten kannst. Denn ohne dieses Hintergrundwissen ist ein sauber aufgebautes Training schwierig.

Bevor du mit dem Training startest:

- Abklärung der Gesundheit. Hat der Hund Schmerzen (hier z. B. auch an Zahnschmerzen oder Magenprobleme denken) oder andere gesundheitliche Probleme?
- Hat der Hund genügend Ruhephasen? Wie sieht der Tagesablauf aus?
- Will der Hund zum anderen Hund hin, weil er Kontakt aufnehmen möchte, oder möchte er, dass der andere Hund verschwindet?
- Hat der Hund (genügend) Kontakte zu Hunden, die er mag?
- Wie wurde bisher gearbeitet?

Der Hund schaut ruhig zu anderem Hund.

Fürs ruhige Schauen wird er belohnt.

Anhand der Anamnese kannst du anfangen, dafür zu sorgen, dass dein Hund den bestmöglichen Trainingsstart hat. Diese Fragen müssen vor Trainingsbeginn geklärt sein. Habe ich z. B. einen Hund, der aufgrund von Schmerzen aggressiv auf fremde Hunde reagiert, ergibt ein Training erst Sinn, wenn er schmerzfrei ist. Solange der Schmerz als Auslöser vorliegt, wirst du nicht besonders weit im Training kommen. Wenn dein Hund zu wenig Ruhe bekommt, solltest du dafür sorgen, dass er ausreichend Möglichkeiten zum Schlafen und Ruhen hat. Hier kann es sinnvoll sein, zu Beginn daran zu arbeiten, dass dein Hund sich selbst besser runterfahren und regulieren kann. Erst im nächsten Schritt geht's ans eigentliche Training.

Sind diese Fragen geklärt und passen die Bedingungen für den Hund (er ist gesund, hat genügend, aber nicht zu viel Auslauf/Auslastung und ist grundsätzlich etwas entspannter und nicht permanent gestresst), dann kann ein Training wie folgt aussehen.

Es gibt immer eine Distanz, in der dein Hund es schafft, ruhig zu bleiben, wenn er andere Hunde sieht. Wenn z. B. 10 Meter zum anderen Hund kein Problem darstellen, dann halte diese Distanz erst einmal ein und belohne deinen Hund immer dann, wenn er ruhig zu einem anderen Hund hinschauen kann. Klappt das gut, kannst du anfangen, ein Detail schwieriger zu gestalten – entweder der andere Hund bewegt sich ein kleines Stück auf euch zu oder ihr bewegt euch auf ihn zu. Auch hier wird wieder belohnt, wenn der Hund ruhig zum anderen Hund schaut.

Und so arbeitet man sich voran. Wenn dein Hund verstanden hat, dass sich das ruhige Schauen zum anderen Hund lohnt, warte ab und fange an, ihn erst zu belohnen, wenn er sich vom anderen Hund freiwillig abwendet. Du lobst jegliches deeskalierende Verhalten, wie z. B. Schnüffeln am Wegesrand, sich selbstständig abwenden und andere Beschwichtigungssignale.

So erzeugst du nach und nach ein gutes Gefühl beim Hund, wenn Artgenossen anwesend sind. Dein Hund lernt außerdem, dass es gut ist, wenn er von sich aus

Eng und gerade aufeinander zugehen ist für Hunde oft sehr schwierig und kann bei reaktiven Hunden dazu führen, dass sie die Begegnung nicht schaffen.

Mit mehr Distanz und in einem Bogen aneinander vorbeigehen erleichtert den Hunden die Begegnung und ist aus Hundesicht auch viel höflicher.

deeskalierendes Verhalten zeigt. Das ist nur ein sehr kleiner Ausschnitt, wie ein Training aussehen kann mit Hunden, die auf andere Hunde reagieren. Jeder Hund ist ein Individuum und jedes Mensch-Hund-Team ist anders, daher muss das Training immer an das jeweilige Team angepasst werden.

Ich hatte einen Hund im Training, bei dem eine einzige Stunde gereicht hat. Danach hat er nie wieder fremde Hunde angebellt. Die Lösung war ganz einfach: Im Training haben wir sehr auf seine Körpersprache geachtet, sind sofort stehen geblieben, wenn er gezeigt hat, dass er nicht näher gehen wollte. Wir haben ihm immer angeboten, in einem Bogen und nicht ganz gerade an anderen Hunden vorbeizugehen. Dafür wurde er dann noch richtig toll belohnt. Er hat gelernt: Meine Menschen achten auf mich und ich darf meine Wohlfühldistanz einhalten. Und damit war das Thema für ihn erledigt. Dass es so schnell und einfach gehen kann, ist selten. Trotzdem hat mir dieser Hund sehr eindrücklich gezeigt, dass es nicht immer ein langer, schwieriger Trainingsweg und sehr kompliziert sein muss. Manchmal reicht es vollkommen aus, auf die Bedürfnisse unserer Hunde zu achten, damit sich schnell etwas ändert.

Ja, sobald die Distanz zu klein wird, wird dein Hund mit großer Wahrscheinlichkeit wieder in sein altes Muster zurückfallen, vor allem zum Trainingsbeginn. Das ist eben der Weg, den dein Hund bis jetzt am meisten gegangen ist und welcher der einfachste für ihn ist – quasi die Autobahn zu seinem Ziel. Es braucht Zeit, Geduld und Hilfe von dir, bis ein solch festgefahrenes Verhalten besser wird. Manche Hunde schaffen es auch über einen bestimmten Punkt nicht hinaus, da ein Trauma zu groß, ein Verhalten zu tief verankert ist.

Natürlich hängt es auch davon ab, wie oft du trainieren und wie gut du dein Umfeld kontrollieren kannst, um deinem Hund eine bestmögliche Trainingssituation zu schaffen. Wenn du nie Zeit hast und selten Möglichkeiten fürs Training findest, werdet ihr nicht so schnell ans Ziel kommen. Aber grundsätzlich gilt: Lerne deinen Hund wirklich kennen! Und damit meine ich nicht, dass du versuchst, ihn zu dem Hund zu machen, den du im Kopf hast, sondern finde heraus, was ihn – unabhängig von deinen eigenen Wünschen und Vorstellungen – ausmacht. Fördere die Stärken, die dein Hund hat, nimm seine Schwächen an und zeig ihm geduldig unsere für viele Hunde sehr komplizierte Menschenwelt.

Das Wichtigste am positiven Training ist, den eigenen Hund zu verstehen. Wenn ich weiß, woher eine Problematik kommt bzw. wo genau die Probleme liegen, kann ich ein Training entwickeln oder Management betreiben, das meinem Hund hilft, neue und für die Menschenwelt konformere Wege zu gehen. Denn sei dir eines bewusst: Viele Probleme, die wir mit unseren Hunden haben, sind genau das – Probleme, die WIR haben, weil sich unsere Hunde für die Menschenwelt nicht richtig verhält. Für unsere Hunde sind das in den meisten Fällen vollkommen normale Verhaltensweisen. Und wenn du das erst einmal verstanden hast, gibt es im Zusammenleben für mich nur noch einen Weg: Gemeinsam statt gegeneinander!

Training über positive Verstärkung

- **Vertrauensaufbau:** Durch positive Verstärkung entsteht eine stärkere Bindung zwischen Mensch und Hund, basierend auf gegenseitigem Respekt und Vertrauen.
- **Stressreduktion:** Sie reduziert Stress bei Hund und Halter und fördert ein entspanntes Miteinander.
- **Effektiveres Lernen:** Hunde lernen am besten durch positive Erfahrungen.
- **Lösung von Verhaltensproblemen:** Indem wir die Ursachen für unerwünschtes Verhalten verstehen und darauf eingehen, können wir Probleme effektiv angehen.

Gemeinsam wachsen: Hund und Mensch

Positive Verstärkung ist letztendlich ein Werkzeug, das Verhalten verstärkt. Es ist pro Hund und für ein gemeinsames Leben, das für beide Seiten gut ist. Eine gute Kommunikation ist immer ein 2-Wege-System. Viel zu lange haben wir den Hunden einfach gesagt, was sie tun sollen, ohne zuzuhören, was sie brauchen.

Um eine gute Basis zwischen deinem Hund und dir aufzubauen, sind folgende Punkte wichtig: **Verständnis, warum dein Hund so handelt, wie er eben handelt.** Verhalten hat immer einen Grund. Wenn meine Hunde etwas tun, was ich nicht möchte, dann mache ich mir als erstes Gedanken darüber, was das Ziel hinter diesem Verhalten sein kann.

Eine liebe Kundin hatte eine geräuschempfindliche Hündin. Als wir einen gemeinsamen Trainingsspaziergang machten, mussten wir an einer lauten Baumaschine vorbei. Meine Kundin nahm ihre Hündin auf der linken Seite ins »Bei Fuß«, um daran vorbeizugehen – damit war die Hündin auf der Seite der Maschine. Sie versuchte einige Male, auf die rechte Seite auszuweichen, ihr Frauchen hatte aber im Kopf, dass »Bei Fuß« immer links sein sollte, und hat sie immer wieder auf diese Seite geholt. Dabei hat sie nicht bemerkt, dass die Hündin mehr Abstand zur Maschine brauchte. Als ich sie darauf ansprach und sie daraufhin ihre Hündin auf der abgewandten Seite an der lauten Maschine vorbeiführte, hat sie es viel besser geschafft.

Die Maschine war ihr zu laut und zu unheimlich, deswegen konnte sie in diesem Fall nicht auf der linken Seite bleiben. Und das ist für mich auch vollkommen in Ordnung – in so einem Moment war es wichtig zu sehen, woran es lag, und die Bedingungen entsprechend anzupassen. Also die Hündin auf der rechten statt auf der linken Seite zu führen.

Als mein Rüde Yuno bei mir eingezogen ist, hat er immer mal wieder am Abend meine Bücher aus dem Regal gezogen und die Cover gegessen. Das hat er nicht getan, weil er mich ärgern wollte, sondern weil er Stress abbauen musste. Zu dem Zeitpunkt war es etwas schwierig,

den richtigen Mittelweg zwischen ausreichender und zu viel Beschäftigung am Tag zu finden. Er war in der Pubertät und hatte gesundheitlich sehr viele Baustellen.

Anstatt ihn dafür zu schimpfen, habe ich ihm eine Schredderbox in die Küche gestellt: eine Kiste mit meinem Altpapier. Jedes Mal, wenn ich gehört habe, dass er sich das nächste Buch holt, habe ich ihn in die Küche geschickt und ihm die Schredderbox gezeigt. Nachdem ich Yuno einige Male dazu ermuntert habe, das Altpapier zu schreddern statt meiner Bücher, ist er zuverlässig an die Box gegangen, wenn er Stress abbauen musste. Das funktioniert heute nach fast 4 Jahren immer noch gut.

Richtiges Verhalten loben und belohnen. Das Sprichwort »Nicht geschimpft ist gelobt genug« funktioniert schon bei Menschen nicht. Wenn du immer wartest, bis dein Hund etwas Falsches tut, um ihn dann zu korrigieren, führt dies irgendwann zu Frust. Stattdessen achte darauf, was er alles richtig macht, und verstärke dieses Verhalten durch ein Lob, ein Leckerchen oder ein gemeinsames Spiel. Probiere beim nächsten Spaziergang Folgendes aus: Lobe und belohne in den ersten 5 Minuten alles, was dein Hund richtig macht – für einen Blick zu dir, an lockerer Leine gehen, stehen bleiben statt das Reh zu jagen etc. Du wirst dich wundern, wie viel du loben kannst und wie gut der restliche Spaziergang verlaufen wird.

BEVOR falsches Verhalten gezeigt wird, ein Alternativverhalten anbieten. Du kannst in vielen Fällen deinen Hund davon abhalten, etwas Falsches zu tun, indem du ihm sagst, was er stattdessen tun kann. Ein Beispiel: »Wende dich mir zu und hol dir was Leckeres« statt »Besuch anspringen«. Oder »Bring dem Besuch ein Spielzeug« statt »Renn zur Tür und führ dich auf wie ein Irrer«.

VIDEO

»Nicht anspringen« trainieren 1

VIDEO

»Nicht anspringen« trainieren 2

Wenn doch falsches Verhalten gezeigt wird, versuche, deinen Hund zu unterstützen und aus der Situation zu nehmen. In dem Moment, in dem du seine Aufmerksamkeit hast, kannst du umlenken und gleich wieder richtiges Verhalten loben. Manchmal bedeutet das auch, ruhig abzuwarten, bis der Hund sich wieder von selbst dir zuwenden kann. Je souveräner und ruhiger du in solchen Ausnahmesituationen bleiben kannst, desto schneller wird sich dein Hund beruhigen können.

Das wirklich Großartige an der Sache ist: Je mehr du deinen Hund lobst, desto besser fühlt er sich und desto besser fühlst du dich auch. Wenn du das Augenmerk darauf legst, was dein Hund alles Tolles kann, wirst du merken, was für ein Wunderwesen du an deiner Seite hast. Dann sind die negativen Seiten gar nicht mehr so schlimm.

Auswirkungen des positiven Trainings auf den Menschen

Gewaltfreies Training verändert nicht nur den Hund – es verändert auch dich. Und es verändert den Blick auf den Hund. Viele Halterinnen und Halter berichten mir, wie sehr sich die Beziehung zu ihrem Hund verändert hat, seit sie mit positiver Verstärkung arbeiten. Oft beginnen sie, feiner hinzuschauen, genauer wahrzunehmen, was ihr Hund ihnen zeigt. Sie lernen, die Körpersprache zu lesen, Bedürfnisse zu erkennen – und vor allem: sich darauf einzulassen. Durch den Blick aufs Positive wird das Zusammenleben stressfreier, weil nicht mehr so viele Handlungen als Provokation, Machtspiel oder absichtlicher Ungehorsam gedeutet werden – sondern als das, was sie in den meisten Fällen sind: Ausdruck von Bedürfnissen, Überforderung oder ganz normalem Hundeverhalten.

Zusätzlich setzen positive Interaktionen in den Gehirnen des Menschen und des Hundes Endorphine und Oxytocin frei, die für ein Gefühl des Wohlbefindens sorgen. Diese hormonellen Veränderungen können Stress und Angst reduzieren und die allgemeine Stimmung verbessern. Wenn wir also nett zu unseren Hunden sind, geht es uns selbst und ihnen automatisch besser.

Dazu kommt: Positive Verstärkung bedeutet, Lösungen zu finden. Du suchst nach Wegen, wie dein Hund Verhalten zeigen kann, das ihr beide gut findet. Und das erfordert oft viel Kreativität. Vielleicht überlegst du dir eine neue Belohnung, einen spielerischen Weg, ein Alternativverhalten oder einen lustigen Trainingskniff, um deinen Hund für etwas zu begeistern.

Positive Verstärkung – Warum sie für beide Seiten wirkt

Verhalten verstehen statt bewerten: Jedes Verhalten hat einen Grund. Wer sich fragt, warum ein Hund etwas tut, findet oft bessere Lösungen als durch reines Korrigieren.

Gefühle sehen – nicht nur Reaktionen: Angst, Stress oder Unsicherheit sind häufig die Ursache für unerwünschtes Verhalten. Wer hinschaut, kann gezielt unterstützen.

Richtiges Verhalten belohnen: Wer Gutes verstärkt, bekommt mehr davon. Aufmerksamkeit, Lob, Spiel oder Leckerchen zeigen dem Hund, was gewünscht ist – und machen Training alltagstauglich.

Alternativen anbieten: Statt zu sagen, was der Hund nicht tun soll, lieber zeigen, was er stattdessen tun kann. Das vermeidet Frust – auf beiden Seiten.

Ausbildung, Anspruch und Abenteuer

Ich habe vor kurzem meine alten Schulzeugnisse wiedergefunden. Dass ich immer eher Mittelmaß war, war mir noch bewusst; was ich vergessen hatte, war, wie viele Fehlstunden ich hatte – und die wurden immer mehr, je länger ich zur Schule ging. Einer meiner Brüder liebte die Schule und wäre am liebsten noch länger Schüler geblieben. Das habe ich nie verstanden. Es gab einige Fächer, die ich ganz interessant fand; Geschichte und Deutsch gehörten dazu. Leider fand ich meinen Geschichtslehrer so langweilig, dass ich regelmäßig fast einschlief. Ich nutzte jede Gelegenheit, um nicht in die Schule zu gehen, und war stattdessen in der Stadt unterwegs. Mein Abitur habe ich dank der Nachprüfungen geschafft und war mehr als froh, als ich endlich raus war.

Im Gegenzug dazu konnte ich während der Ausbildung gar nicht oft genug die Schulbank drücken. Auch heute freue ich mich immer sehr über Fortbildungen und versuche, alles aufzusaugen, was ich an Informationen finden kann. Das hat mir vor Augen geführt, wie privilegiert ich bin – ich hatte im Leben immer die Chance, das zu tun, wofür ich brenne. Das war – und ist zum Teil heute noch – das Fernsehgeschäft. Später stürzte ich mich in das Thema »Hund« und lernte so viel wie möglich darüber; und tue das auch heute noch. Trotzdem habe ich das Gefühl, teilweise noch ganz am Anfang zu stehen, da es immer wieder neue Erkenntnisse und Sichtweisen gibt.

Unseren Hunden stülpen wir unsere Vorstellungen meist einfach über und wollen, dass sie etwas lernen, wozu sie vielleicht kein Talent oder wenig Lust haben. Oft ergeben die Dinge, die wir mit unseren Hunden trainieren möchten, aus Hundesicht nicht einmal Sinn – und das meist ein ganzes Hundeleben lang. Wenn ich mir vorstelle, ich müsste den Rest meines Lebens in die Schule gehen und Dinge tun und lernen, die mich weder interessieren noch

mir Spaß machen, schaudert es mich. Oder das Gegenteil ist der Fall: Ich darf nichts Neues lernen und mein Leben besteht aus Eintönigkeit, ohne Reize oder die Möglichkeit, neue Orte zu sehen. Wie müssen sich viele Hunde fühlen, die in einem solchen Kreislauf gefangen sind?

In meiner Laufbahn als Hundetrainerin habe ich oft beobachtet, dass Menschen ihre Wünsche und Vorstellungen auf ihre Hunde projizieren. Dir gefällt vielleicht eine bestimmte Art Hundesport und du suchst dir daraufhin eine bestimmte Rasse aus, die deinem Wunschbild entspricht. Ein Klassiker ist der Border Collie, der von einem Agility-Turnier zum nächsten gekarrt wird, um den Ehrgeiz seiner Halter zu befriedigen.

Während der Ausbildung war ich immer fasziniert von dem, was wir gerade durchnahmen, und habe natürlich auch immer entweder mit Linus das Gelernte geübt oder bestimmte Verhaltensweisen an ihm zu beobachten versucht. Dabei bin ich auch oft übers Ziel hinausgeschossen, wollte zu viel oder eben Dinge, die für meinen großen Bären vollkommen unwichtig waren. Ich interpretierte Verhaltensweisen in ihn hinein und revidierte kurze Zeit

später meine Meinung wieder. Er hat alles stoisch mitgemacht, hat mir immer wieder meine Grenzen aufgezeigt und mir beigebracht, wie es besser geht. Er hat mir gezeigt, dass nicht immer unsere Vorstellung davon, was einem Hund gefallen könnte, auch die richtige sein muss.

In meiner »Clicker-Hochphase« habe ich versucht, Linus das Apportieren beizubringen. Wir waren in der Toskana im Urlaub, ich hatte also viel Zeit, mich mit Linus zu beschäftigen. Und der zeigte mir sehr schnell, was er von der ganzen Aktion hielt: nämlich gar nichts. Er ist ein paarmal zum Apportel marschiert, hat mich angeschaut und ist dann einfach gegangen. In den Schatten. Zum Schlafen. Eine klarere Ansage hätte er mir nicht machen können. Allerdings war ich da leider noch nicht so weit im Denken wie heute und habe immer wieder versucht, ihn für das Apportieren zu begeistern. Und er hat mir mit einer unermüdlichen Geduld irgendwann beibringen können, dass er diese Beschäftigung für vollkommen sinnfrei hält. Also haben wir es gelassen; ich habe mich meinem Italienisch-Kurs gewidmet und er sich dem Dösen im Schatten: der perfekte Urlaub.

Ich habe viele verschiedene Dinge mit Linus ausprobiert. Er war mit mir beim Mobility, im Einzeltraining, und ich habe versucht, ihm Fährtenarbeit näherzubringen. Wir waren gemeinsam joggen, wandern und ausreiten. Irgendwann hat sich unser Leben so eingependelt, dass wir beide zufrieden damit waren. Allerdings war Linus auch immer sehr deutlich darin, mir zu zeigen, wenn er auf etwas keine Lust hatte. Und ich habe gelernt, besser hinzuschauen und ihn ernst zu nehmen.

Wunsch und Wirklichkeit

Wenn ich heute auf meine Mensch-Hund-Teams in der Hundeschule blicke, sehe ich ganz unterschiedliche Herausforderungen. Viele Welpen sind entweder total überlastet oder es wird fast gar nichts mit ihnen gemacht. Die Anforderungen an die Hunde sind immens. Es wird z. B. erwartet, dass ein Tierschutzhund nach 2 Wochen problemlos im Leben seiner Menschen mitläuft. In dieser Zeit soll er alle Ängste abgelegt haben, mit auf Familienfeiern gehen können und problemlos alleine bleiben. Hoch motivierte Menschen üben dafür richtig viel, während weniger motivierte oft gar nicht auf den Hund eingehen – er soll sich ohne viel Mühe ins Leben einfügen. Dazwischen gibt es viele Menschen, die sich nicht gut informiert haben und sich das alles einfacher vorgestellt hatten.

Natürlich gibt es auch immer noch die Menschen, die wussten, worauf sie sich einlassen und ihren Hund gut durch sein Leben begleiten. Gefühlt sind sie jedoch weniger geworden. Deswegen machen wir in diesem Kapitel einen Realitäts-Check.

Ein Hund ist kein Wunschkonzert

Bevor du dir einen Hund anschaffst, frag dich nicht nur: Was wünsche ich mir von meinem Hund?, sondern auch: Was kann ich ihm geben?

- Ein Hund passt sich nicht automatisch dem Alltag an – er hat eigene Bedürfnisse.
- Nicht jede Rasse ist für jedes Lebensmodell geeignet. Informiere dich ehrlich über die Eigenschaften.
- Tierschutzhund, Welpe, Arbeitshund, Familienhund – jede Entscheidung bringt Verantwortung mit sich.
- Ein Hund braucht mehr als Liebe: Zeit, Geduld, Wissen, Geld, Nerven.

Stell dir die Frage: Kann ich mit dem Hund leben, den ich vielleicht nicht geplant habe – aber bekomme?

Ein Hund ist kein Gegenstand, den man passend kauft. Er ist ein Lebewesen – und bringt seine eigene Geschichte mit.

Wenn du dich in deinem Umfeld umschaust, bekommst du schnell das Gefühl, dass es ihn tatsächlich gibt: den Hund, der immer entspannt ist, brav an der Leine läuft, sich von jedem streicheln lässt, problemlos allein bleibt und auf jedes Signal hört – und das am besten schon mit 16 Wochen. Da kommen Fragen wie »Kann der schon Sitz, Platz, Komm, was auch immer?« Wenn du diese verneinst, folgt meist der nächste Kommentar: »Das sollte der aber schon können« oder »Kann er IMMER NOCH NICHT allein bleiben?« oder »Der Hund von Frau Meier kann das aber alles schon«.

Häufig steigt der Druck im Freundes- und Familienkreis. Dort herrscht oft Unverständnis, warum ein Welpe noch kein perfekt erzogener Familienhund ist, und du hast schnell das Gefühl, ein unfähiger Hundehalter zu sein.

Die sozialen Medien verstärken diesen Druck zusätzlich. Dort sieht alles entspannt, leicht und lustig aus – überall begegnen dir Bilder von Menschen, die scheinbar mühelos mit ihren Welpen leben. Für jedes Problem gibt es einen ganz einfachen »Lifehack«, und wenn der beim eigenen Welpen nicht funktioniert, macht offenbar entweder der Mensch etwas falsch oder der Welpe ist einfach »gestört«. Beides ist frustrierend und raubt oft den gesunden Menschenverstand. Laut Internet funktioniert es bei allen anderen, nur bei dir nicht. Dass in der virtuellen Welt sehr wenig wirklich so ist, wie es scheint, müssen wir wohl erst noch lernen.

Unsere romantische Vorstellung davon, wie es ist, einen Welpen zu haben, steht meist im Gegensatz zur Realität. In der Fantasie stellen wir uns das Leben mit dem besten Freund des Menschen vor: Er ist immer an unserer Seite, spielt wild, wenn wir Zeit dazu haben, kuschelt sich auf das Sofa, wenn wir müde sind, begleitet uns in die Berge und zur Arbeit und hört perfekt auf jedes Signal.

Foto: Daxiao Productions/stock.adobe

Davon, dass du in der ersten Zeit Pipi und Kot aus der Wohnung entfernen musst, die Welpenzähne ihre Spuren an Händen, Armen und Füßen hinterlassen, schlammige Pfotenabdrücke auf deiner Jeans landen und die liebevoll aufgezogene Lieblingspflanze gefressen wird, hat dir vorher niemand etwas gesagt.

Ebenso wenig wird erwähnt, dass die Kleinen anfangs überhaupt nicht allein bleiben können – also wirklich gar nicht. Auch keine 30 Minuten, wenn du allein zum Arzt musst, oder eine Stunde, wenn du mit den Kindern an den See fahren möchtest, an dem Hunde verboten sind.

Wenn die Realität dann zuschlägt, ist die Enttäuschung oft groß – und die Ungeduld, dass das alles nicht schnell genug geht, ebenso.

Zum anstrengenden Alltag mit einem Welpen kommt die eigene Erwartungshaltung und die der Menschen um dich herum hinzu. Dadurch entsteht Druck – und Druck erzeugt Gegendruck. Viele Menschen versuchen jetzt mit aller Kraft (manchmal wortwörtlich), aus dem Hundebaby ein anständig erzogenes Mitglied unserer Gesellschaft zu machen. Sie wollen sich selbst beweisen, dass sie keine schlechten Hundeeltern sind, aber auch der Familie und dem Freundeskreis zeigen, dass sie alles im Griff haben.

Es hilft ungemein, wenn du in deinem Umfeld hundeverständige Menschen hast, die unterstützen und nicht verurteilen. Ein Großteil meines Jobs besteht inzwischen daraus, Menschen Mut zuzusprechen, dass sie auf dem richtigen Weg sind und es einfach viel Zeit und Geduld braucht, bis aus dem Welpen ein entspannter Wegbegleiter geworden ist.

Foto: Pixel-Shot/stock.adobe

Solltest du ein Umfeld haben, das dich und deinen Hund nicht versteht, ist es sinnvoll und gut, dir Menschen zu suchen, die genauso ticken wie du. Hier gibt es in den sozialen Netzwerken durchaus positive Seiten, denn es gibt einige Gruppen, in denen man sich austauschen kann, in denen Achtsamkeit mit Mensch und Hund großgeschrieben wird und in denen du Gleichgesinnte kennenlernen kannst. Durch ein anderes Umfeld und mehr eigenes Wissen rund um den Hund erledigen sich einige Probleme von selbst und der Druck sinkt. In dem Moment, in dem wir nicht mehr versuchen, unsere Hunde schnellstmöglich in eine Schablone zu pressen, in die sie laut Gesellschaft passen sollten – die aber de facto viel zu eng ist – wird das Leben leichter und entspannter.

Aber was ist denn wirklich wichtig im Zusammenleben mit deinem Hund? Welche Signale sollte er zu Beginn lernen und wie viel Auslastung braucht er, um nicht unterfordert zu sein? Darüber gehen die Meinungen auseinander, und es kommt ganz auf deinen Hund an.

Fangen wir damit an, was er können sollte. Für viele Menschen ist der sogenannte Grundgehorsam das Wichtigste, also Signale wie Sitz, Platz, Komm, Bleib und Bei Fuß. Am besten sollte der eigene Hund das in jeder möglichen Situation sofort ausführen. Viele Menschen arbeiten hart daran und trainieren viel mit ihren Hunden, andere möchten nichts dafür tun, aber trotzdem gut »funktionierende« Hunde haben.

Je nach Lebensstil sollte der Hund dann noch entspannt mit in die Stadt oder ins Café gehen können, kinderlieb und natürlich verträglich mit allen anderen Hunden sein, keine Katzen und Wildtiere jagen – kurz: einfach alltagstauglich sein. Aber wie realistisch ist das alles aus Hundesicht?

Wie Turid Rugaas sagen würde: »It depends on the dog«. Es kommt auf den Hund an – und natürlich auch auf den Halter.

Rein aus der Verhaltenssicht gilt: Verhalten, das sich lohnt, wird wiederholt. Verhalten, das sich nicht lohnt, wird auf Dauer nicht wiederholt. Hier liegt die Schwierigkeit, denn unsere

Hunde haben häufig eine andere Vorstellung davon, was sich lohnt und was nicht. Vom besten Hundefreund aus dem Spiel abgerufen zu werden und dafür ein Mini-Bröckchen Trockenfutter zu bekommen, das dein Hund sowieso jeden Tag im Napf hat, wird kaum als lohnend empfunden. Wenn dein Hund in der gleichen Situation jedoch etwas richtig Hochwertiges angeboten bekommt – und davon auch noch reichlich –, dann steigt die Chance, dass er kommt, deutlich. Und wenn dein Hund zusätzlich weiß, dass er nach dem Abrufen normalerweise weiterspielen darf, steigen die Chancen noch mal.

Das erste Signal, das ich (fast) jedem Hund beibringe, ist der Rückruf. Denn wenn dein Hund abrufbar ist, kannst du ihn mehr frei laufen lassen. Solltest du die Leine mal fallen lassen oder dein Hund ungewollt aus der Tür rennen, hast du eine reale Chance, dass er schnell zu dir zurückkommt.

Ich spreche hier von Welpen und Hunden ohne große Baustellen. Wenn es um einen sehr ängstlichen oder aggressiven Hund geht, stelle ich die üblichen Grundsignale zurück, beginne stattdessen mit Vertrauensaufbau und schaue, was für diesen speziellen Hund am sinnvollsten ist.

Egal, was du trainierst, folgendes ist immer wichtig: Fange ohne Ablenkung an und erkläre deinem Hund freundlich, was du von ihm willst. Dazu solltest du dir vor dem Training klar darüber sein, was genau dein Hund tun soll und wie deine Signale dazu aussehen. Wenn dein Hund ohne Ablenkung verstanden hat, worum es geht, steigerst du langsam die Ablenkung. Die Wertigkeit der Belohnung passt du dabei der Schwierigkeit der Aufgabe an – je schwieriger die Aufgabe, desto besser sollte die Belohnung sein. Achte jedoch darauf, dass deine Belohnung nicht so toll ist, dass dein Hund sich deswegen nicht mehr konzentrieren kann. Es sollte also etwas wirklich Gutes sein, was du deinem Hund anbietest – aber eben nicht so gut, dass er an gar nichts anderes mehr denken kann.

Foto: Josu Ozkaritz/stock.adobe

VIDEO

»Rückruf« aufbauen

Konkret sieht der Aufbau des Rückrufs wie folgt aus: Du stehst ein bis zwei Schritte von deinem Hund entfernt, in einer ablenkungsarmen Umgebung – das kann dein Garten, deine Wohnung oder auch ein ruhiger Feldweg sein. Dann hältst du eine Hand zur Seite, in der sich ein Stück Futter befindet, und rufst deinen Hund freundlich mit deinem Abrufsignal, z. B. »Komm« oder »Schau mal her«.

Sobald sich dein Hund in Bewegung setzt, lobst du ihn und gibst ihm das Leckerchen. Das wiederholst du einige Male. Wenn das gut funktioniert, steigerst du ganz langsam die Schwierigkeit. Achte darauf, immer nur eine Sache zu verändern: Entweder du stehst weiter weg, dafür gibt es aber keine andere Ablenkung, oder du bleibst nahe beim Hund und erhöhst stattdessen die Ablenkung.

Wichtig ist auch, die Übungen nicht nur immer schwieriger zu machen, sondern zwischendurch wieder ganz einfache Einheiten einzubauen. Durch diese Variabilität lernt dein Hund schneller und nachhaltiger.

Die Belohnung muss übrigens nicht immer Futter sein (auch wenn das am einfachsten ist und von vielen Hunden sehr gut angenommen wird), sondern kann und sollte auch bedürfnisorientiert gewählt werden.

Zum Üben

Wähle eine ruhige, ablenkungsarme Umgebung (z. B. Garten, Wohnung oder Feldweg).

Durchführung:

- Stehe 1 bis 2 Schritte von deinem Hund entfernt.
- Halte das Futter seitlich in der Hand.
- Gib dein Rückrufsignal (z. B. »Komm«).
- Lobe deinen Hund und belohne ihn, sobald er losläuft.
- Steigere langsam die Schwierigkeit.

Wichtig:

- Steigere immer nur eine Schwierigkeit (Entfernung *oder* Ablenkung).
- Baue regelmäßig leichte Wiederholungen ein.
- Wähle die Belohnung bedürfnisorientiert (nicht nur Futter).

Um herauszufinden, was du alles als Belohnung einsetzen kannst, ist eine Top-20-Liste sehr nützlich. Auf ihr notierst du alles, was dein Hund toll findet. Dazu zählen auch Dinge, die du vielleicht nicht magst, z. B. in ekligen Sachen wälzen, nach Mäusen buddeln oder hinter einem Hasen herjagen. Aber auch Kuscheln, bestimmte Leckerchen, Leckerchen werfen, Schnüffeln oder Schwimmen gehören auf die Liste. Wenn du sie fertig hast, kannst du überlegen, was du davon als Belohnung nutzen kannst.

Geht dein Hund gerne schwimmen, könntest du ihn nach einem gut ausgeführten Signal ins Wasser schicken. Frisst er gerne stinkende Sachen, könntest du einen entsprechenden Käse mit ins Training nehmen und als Superleckerli einsetzen. Du kannst mit deinem Hund rennen, ihm einen Ball als Belohnung werfen oder ein Zerrspiel anbieten. Du kannst ihn schnüffeln lassen, gemeinsam in die Gegend gucken oder ihn zu seinem Lieblingskumpel zum Spielen schicken. Werde kreativ und trage alles in deine Liste ein, was dir einfällt.

Denk außerdem daran, dass sich Vorlieben ändern können. Überprüfe in regelmäßigen Abständen deine Liste, schreibe neue Belohnungen auf und streiche alte, die dein Hund nicht mehr mag.

VIDEO
Die richtige Belohnung finden

LINK
Belohnungsliste (Download-PDF)

Erst die Grundbedürfnisse, dann das Training

Wie gut und wie schnell ein Hund lernt, hängt von mehreren Faktoren ab: dem Timing des Menschen, der Veranlagung des Hundes und natürlich davon, wie oft und wie sinnvoll geübt wird. Mehr Training ist nicht automatisch besser. Zu viel kann sogar kontraproduktiv sein. Wichtiger ist herauszufinden, was für deinen Hund gerade passt – denn jeder Hund hat gute und schlechte Tage.

Pausen sind essenziell, damit sich das Gelernte festigen kann. Daher gilt: **Du solltest aufhören, wenn es am schönsten ist.**

Bevor es ans Training geht, ist eines nicht verhandelbar: Die Grundbedürfnisse deines Hundes müssen erfüllt sein – Futter, Wasser, Schlaf, ausreichend Möglichkeit, sich zu lösen. Solange diese nicht erfüllt sind, solltest du gar nicht ans Training denken, sondern erst diese Bedürfnisse befriedigen.

Die Maslowsche Bedürfnispyramide wurde zwar für Menschen entwickelt, gilt aber genauso für Hunde. Hier bilden die körperlichen Grundbedürfnisse das Fundament: Ohne ausreichend Schlaf (17 bis 20 Stunden am Tag bei erwachsenen Hunden), Futter und Wasser sind Hunde und Menschen nicht oder nur sehr eingeschränkt – lernfähig. Das Gleiche gilt selbstverständlich auch für die Möglichkeit, sich zu lösen. Auch wir könnten uns nicht konzentrieren, wenn wir dringend auf die Toilette müssten.

Die nächste Stufe sind die Sicherheitsbedürfnisse: Ein Hund, der ständig in Erwartungsunsicherheit lebt, weil seine Menschen unberechenbar sind, ist gestresst. Lebewesen brauchen verlässliche Sozialpartner. Ist ein Verhalten bei dem einen Familienmitglied erlaubt und der nächste in der Familie straft genau es, wie soll der Hund wissen, was erlaubt ist und was nicht? Das beliebteste Beispiel ist das Schlafen auf dem Sofa: Die Tochter findet es sehr gemütlich, holt den Hund mit aufs Sofa, kuschelt und spielt mit ihm. Am nächsten Tag liegt der Hund wie selbstverständlich wieder auf dem Sofa (es war ja am Tag vorher sogar erwünscht) und wird von der Mutter streng heruntergeschickt. Das Einzige, was der Hund hier gelernt hat, ist, dass seine Menschen unberechenbar sind. Noch schlimmer wird es, wenn dieselbe Person an einem Tag ein Verhalten lobt (z. B. freudiges Anspringen), am nächsten Tag davon aber genervt ist, weil sie einen schlechten Tag hatte, und den Hund dafür straft.

Verlässlichkeit und Routinen sind genauso wichtig für einen Hund wie körperliche und psychische Unversehrtheit. Du kennst das sicher: Wenn man Schmerzen hat, kann man sich nicht konzentrieren und es bleibt nur die Hälfte hängen. Die Bereitschaft, Neues zu lernen oder sich auf etwas einzulassen, ist sehr gering, wenn Körper und Seele mit Schmerzen beschäftigt sind.

Auf der dritten Stufe der Bedürfnispyramide befinden sich die sozialen Bedürfnisse – also das Bedürfnis nach Bindung, Zugehörigkeit und emotionalem Kontakt. Für Hunde bedeutet das in erster Linie Anschluss an ihre Bezugspersonen, vertrauensvolle Beziehungen und regelmäßige soziale Interaktionen.

Hunde sind soziale Lebewesen. Sie brauchen Nähe, Kommunikation und gemeinsame Erlebnisse – mit ihren Menschen, aber auch mit Artgenossen. Dazu gehören Körperkontakt genauso wie gemeinsame Spaziergänge, das Spielen, Schnüffeln oder einfach nur das Dabeisein dürfen. Viele Hunde lieben Kontaktliegen, also enges Liegen am Menschen oder an anderen Hunden. Ein Hund, der ständig allein gelassen wird, keine Verbindung zu seinen Menschen aufbauen kann oder keine Sozialkontakte zu anderen Hunden hat, leidet.

Aber: Soziale Bedürfnisse sind individuell. Nicht jeder Hund braucht viele Hundekontakte oder mag große Gruppen. Für manche reicht der enge Kontakt zu ihren Menschen völlig aus, andere blühen auf, wenn sie regelmäßig freundlich-soziale Interaktionen mit anderen Hunden erleben dürfen.

Zum Bedürfnis nach Wertschätzung und Anerkennung zählt beim Hund natürlich Liebe und Geborgenheit, aber ebenso ein positives und faires Training sowie ein respektvoller Umgang. Auch Hunde haben ein Bedürfnis nach Individualität. Welche Hobbys mag dein Hund besonders gern, was macht ihm Spaß? Es ist so ungemein wichtig, dass unsere Hunde neben all dem, was sie in unserem Leben mitmachen, auch einfach Hund sein dürfen – schnüffeln, in die Gegend gucken, voller Freude über eine Wiese rennen, einfach weil Laufen Spaß macht, oder sich im Gras wälzen.

Ideal ist es natürlich, wenn mindestens die ersten 3 Bausteine der Pyramide erfüllt sind, da ein Hund dann am entspanntesten und lernbereitesten ist.

Erinnerst du dich an den Anfang des Buches, wo ich beschrieben habe, wie ich früher trainiert habe? In solchen Trainings wurden die Grundbedürfnisse komplett außer Acht gelassen:

- Auf dem Hundeplatz durften sich die Hunde nicht lösen, obwohl das unter Stress besonders nötig wäre.
- Die Hunde wurden in Erwartungsunsicherheit gebracht und fühlten sich selten sicher.
- Sie sollten nur funktionieren, auf Individualität wurde wenig geachtet.

Wichtige Faktoren für ein sicheres und gutes Lebensgefühl werden mit dieser Art von Training nicht erfüllt – und unter solchen Bedingungen kann kein Hund gut und nachhaltig lernen.

Bedürfnispyramide

Die **Bedürfnispyramide** für Hunde ist eine Anpassung des menschlichen Modells von Maslow und zeigt die verschiedenen Ebenen der Bedürfnisse eines Hundes auf. Sie hilft uns, zu verstehen, was unseren Vierbeinern wichtig ist, um ein glückliches und ausgefülltes Leben zu führen.

Die Bedürfnispyramide für Hunde besteht aus 5 Ebenen:

- **Physiologische Bedürfnisse**
  Das Fundament bilden die grundlegenden Bedürfnisse wie Nahrung, Wasser, Schlaf, Schutz vor Witterung und gesundheitliche Versorgung. Ohne diese Basis kann kein anderes Bedürfnis befriedigt werden.
- **Sicherheitsbedürfnisse**
  Dazu gehören ein sicheres Zuhause, Schutz vor Gefahren und eine verlässliche Bezugsperson. Hunde brauchen eine stabile Umgebung, um sich geborgen zu fühlen.

- **Soziale Bedürfnisse:**
  Hunde sind soziale Lebewesen und haben ein starkes Bedürfnis nach Kontakt. Dazu gehört sowohl die Bindung zu ihren Menschen als auch der Kontakt zu Artgenossen.
- **Bedürfnis nach Anerkennung**
  Hunde wollen sich nützlich fühlen und Anerkennung erfahren. Positive Verstärkung und Lob sind wichtige Bestandteile einer guten Mensch-Hund-Beziehung.
- **Individuelle Bedürfnisse**
  Jeder Hund hat seine eigenen Interessen und Vorlieben. Es ist wichtig, diese zu erkennen und zu fördern – z. B. das Bedürfnis nach Bewegung, Spiel oder Beschäftigung mit der Nase.

Warum ist die Bedürfnispyramide wichtig?

- **Glücklicher Hund:** Indem wir die Bedürfnisse unseres Hundes kennen und erfüllen, tragen wir zu seinem Wohlbefinden bei.
- **Verhaltensauffälligkeiten:** Ein unerfülltes Bedürfnis kann zu Verhaltensauffälligkeiten führen.
- **Bessere Mensch-Hund-Beziehung:** Durch ein besseres Verständnis für die Bedürfnisse unseres Hundes können wir eine stärkere Bindung aufbauen.

Beispiel: Ein Hund, der unter ständiger Angst leidet (unerfüllte Sicherheitsbedürfnisse), wird Schwierigkeiten haben, sich auf andere Dinge zu konzentrieren und kann Verhaltensstörungen entwickeln.

Traumjob Trainerin

Nach 1,5 Jahren, in denen ich nur noch rund um den Hund gelesen und gelernt hatte, gestehe ich, dass ich den ersten Roman, der nichts mit Hunden zu tun hatte, sehr genoss. Ich war erst einmal »satt« und stürzte mich stattdessen auf die Arbeit als Trainerin.

Wie jeder weiß, sind Lernen und Lehren 2 grundverschiedene Dinge – zum Glück liegt mir beides, denn ich arbeite nicht nur gerne mit Hunden, sondern auch mit Menschen. Das half mir vor allem in den ersten Trainings sehr.

Schon während der Ausbildung ist mir klargeworden, wie wichtig es ist, nicht nur die Hunde, sondern auch die Menschen dort abzuholen, wo sie gerade stehen. Einige meiner Mitschüler taten sich schwer mit bestimmten Themen oder Referenten. Ich tappte dabei mehr als einmal in die Arroganz-Falle und dachte: »Meine Güte, so schwer ist das doch alles nicht, stell dich nicht so an.« oder »Die Frage ist jetzt nicht dein Ernst.« Aus heutiger Sicht versuchte ich zwar, diese Arroganz nicht nach außen zu tragen, war aber innerlich oft sehr überheblich. Und das ist etwas, was einem im Training weder bei Menschen noch bei Hunden passieren sollte. Ansatzweise schaffte ich es schon in der Ausbildung, vom hohen Ross herunterzukommen, und die eigenen Trainings holten mich dann ganz auf den Boden der Tatsachen zurück.

Zu diesem Zeitpunkt arbeitete ich als Trainerin bei animal Learn, also der Hundeschule, in der ich auch die Ausbildung gemacht habe. Ich hatte so das große Glück, meine Ausbilderin Clarissa von Reinhardt und damit eine erfahrene Trainerin in meinem Umfeld zu haben, die ich zur Not fragen konnte, wenn ich nicht weiterwusste. Ich versuchte, all mein Wissen so gut wie möglich anzuwenden, kam aber auch immer mal wieder nicht weiter im Training. Ich hatte damals erst einen begrenzten Werkzeugkoffer, auch wenn ich die Möglichkeit der »Hotline« zu meiner Ausbilderin immer nutzte.

Linus war mir auch hier eine große Hilfe. Wenn ich ihn im Training dabei hatte, konnte ich mich besser auf sein Bauchgefühl verlassen als auf mein eigenes. Wenn er zögerte, in einen Kontakt zu gehen, brauchte der andere Hund noch mehr Zeit. Manchmal – wenn ich zu zögerlich war – marschierte er direkt zum Kundenhund, begrüßte ihn und warf mir einen Blick zu, der sagte: »Siehst du? Es geht auch ganz einfach! Hör auf, so viel zu denken.«

Das ist nämlich eine der Nebenwirkungen, wenn man so viel über Hunde lernt und liest: Weil man weiß, was alles passieren kann, ist man manchmal zu übervorsichtig oder sieht Gefahren, wo gar keine sind. Ab und zu ist Unwissenheit tatsächlich ein Geschenk.

Hauptsächlich waren es 2 Dinge, die mich in manchen Trainings scheitern ließen: Ich kam bei den Kunden nicht durch. Egal, wie ich das Training erklärte, die Kunden setzten es falsch um oder sahen nicht ein, dass es kontraproduktiv ist, den Hund zu strafen. Teilweise war ich am Verzweifeln, manchmal gab ich einfach auf.

Und manchmal fand ich einfach nicht den richtigen Trainingsansatz für den Hund. Auch hier passierte es, dass ich – egal, wie ich versuchte, dem Hund zu erklären, was wir von ihm wollten – nicht durchdringen konnte. Später lernte ich, solche Trainings besser zu reflektieren und nach neuen Lösungen für das jeweilige Mensch-Hund-Team zu suchen.

Wie muss es unseren Hunden gehen, wenn sie wieder und wieder versuchen, uns etwas zu erklären und wir verstehen es einfach nicht?

Ich lernte unglaublich viel in dieser Zeit und wurde durch meine Arbeit als Trainerin auch besser in der Einschätzung meiner eigenen Hunde. Mittlerweile war Amigo bei uns eingezogen, ein Hund aus dem Tierheim, der nichts Gutes erlebt hatte in seinem bis dahin kurzen Leben. Er verstand sich gut mit Linus, war allerdings sehr misstrauisch gegenüber fremden Menschen und zeigte dies teilweise sehr deutlich. Amigo hat mich sehr viel über

Aggressionsverhalten, Kontrolle und Stimmungsübertragung gelehrt. Bis zu seinem Einzug hatte nie ein »schwieriger« Hund bei mir gelebt, und er brachte ganz eigene und für mich neue Herausforderungen mit sich. Unter anderem musste ich lernen, damit zurechtzukommen, dass fremde Menschen mich beschimpften, weil ich einen bellenden Hund an der Leine hatte.

Bis zu diesem Zeitpunkt hatte ich meinen Kundinnen und Kunden immer gesagt, dass ich sie verstehe und dass es nicht schön ist, wenn andere einen belehren oder beschimpfen, weil man selbst einen Hund an der Leine hat, der nicht freundlich auf andere reagiert. Jetzt konnte ich sie wirklich verstehen und auch Strategien mitgeben, wie man mit solchen Situationen umgehen kann.

Amigo wirbelte unser Leben ganz schön durcheinander. Wegen ihm sind wir in ein neues Haus gezogen, denn in unserem alten waren keine 2 Hunde erlaubt. Er hat uns in vielen Bereichen an unsere Grenzen gebracht, uns aber auch unendlich viel gelehrt. Wenn mein Mann nach einem anstrengenden Arbeitstag mit ihm spazieren gehen wollte, um sich zu entspannen, hat Amigo klargestellt: »WIR sind angespannt und genervt«, und hat so ziemlich alles und jeden verbellt. Wenn mein Mann selbst entspannt war, hat Amigo viele Situationen deutlich besser gemeistert.

In den nächsten 4 Jahren arbeitete ich an den Wochenenden als Hundetrainerin und unter der Woche in München als Cutterin. Da ich selbstständig war, bedeutete das nicht, dass ich jede Woche 5 Tage in München war – aber oft genug lief es darauf hinaus. Trotzdem genoss ich diese Zeit sehr, vor allem, weil die Trainings ein guter Ausgleich zu meinem Computerjob waren.

Im Oktober 2012 meldete sich eine ehemalige Kundin bei mir und bat mich um Vermittlungshilfe für ihre Hündin. Die Familie hatte keine Zeit mehr und Kisha sei viel zu oft alleine. Ich überlegte, besprach mich mit meinem Mann, und Anfang November 2012 zog Kisha bei uns ein. Sie ist eine Labrador-Mischlingshündin, die zwar keine großen »Baustellen« hat, aber recht eigen ist.

Foto: Carola Ott

4 Monate nach Kishas Einzug trennten mein Mann und ich uns im Guten – wir hatten uns im Laufe der Jahre einfach auseinandergelebt. Ich zog um, und nur 2 Wochen später starb Linus mit über 15 Jahren. So gingen gleich 2 wichtige Lebensabschnitte für mich zu Ende: meine Ehe und die Zeit mit Linus, der nach 14 Jahren nicht mehr an meiner Seite war.

Ich beschloss, mit dem Hundetraining aufzuhören, mich auf meinen alten Job zu konzentrieren und mein Leben neu zu sortieren. Ich schloss meine laufenden Trainings sauber ab, nahm keine neuen Kunden mehr an und hörte ein halbes Jahr später komplett mit dem Hundetraining auf.

Kapitel

4

REALITY CHECK

Mein Hund macht das nicht wie im Buch

Ruhige Jahre

Die nächsten 2 Jahre vergingen damit, zu arbeiten und mein Leben neu zu sortieren. Kisha und ich lernten uns immer besser kennen. Sie war ganz anders als Linus und ich musste mich mit einigen ihrer Eigenheiten erst einmal zurechtfinden.

Sie ist zwar nicht das, was man sich unter einem »Problemhund« vorstellt, hat aber einige Verhaltensweisen, die im Alltag manchmal eine Herausforderung sind. Fremde Männer fand sie anfangs fast durchweg gruselig und Jungs im Teenageralter sind bis heute ein Angstauslöser. Sie verbellt sie und lässt sich kaum beruhigen, außer der Abstand ist groß genug und der

Kisha hat Linus im Büro abgelöst und mich die nächsten Jahre zur Arbeit begleitet.

Mann oder Jugendliche ignoriert sie komplett. Solange niemand in dem Moment etwas von ihr möchte, kann sie es aushalten – wobei ich natürlich darauf achte, sie gar nicht erst in solche Situationen kommen zu lassen.

Männer im Allgemeinen sind mittlerweile kaum mehr ein Thema. Straßen jedoch sind und bleiben vermutlich ihr Problem. Angeleint fällt es ihr schwerer, an einer Straße entlangzugehen als ohne Leine; fremde Straßen gehen etwas besser als bekannte. Da sie nicht ohne Leine an Straßen laufen kann, habe ich irgendwann aufgehört, daran zu arbeiten, dass sie Straßen »gut findet«. Der Stress, den sie dabei erlebt, ist einfach zu groß. Wenn wir in die Nähe bestimmter Straßen kommen, blockiert sie und versucht nur noch, wegzukommen. Unter solchen Bedingungen kann kein Lernen stattfinden.

Foto: Christian Köhler

In den letzten eineinhalb Jahren hat sich das allerdings etwas geändert. Wir sind von Bayern nach NRW gezogen und müssen jetzt, wenn ich direkt vom Haus aus los möchte, an einer wenig befahrenen Straße entlanggehen. Spannenderweise war das für Kisha sehr schnell kein Thema mehr – zumindest diese Straße ist mittlerweile überhaupt kein Problem. Vor dem Umzug habe ich mir viele Gedanken gemacht, wie ich die Spaziergänge für sie hier gestalten kann. Und Kisha hat mich überrascht, indem sie nur zu Beginn zurückhaltend war und heute wie selbstverständlich mitgeht. Offensichtlich war es für uns beide gut, die Komfortzone zu verlassen.

Heute sind unsere Runden stark geschrumpft und ich laufe meist die Wege, die sie gut kennt. Als wir noch mehr gemeinsam unterwegs waren, kam es vor, dass sie manchmal selbst auf scheinbar »ungefährlichen« Wanderwegen nicht mehr weitergehen wollte, weil sie irgendetwas gesehen oder gehört hatte. Dann habe ich abgewartet und geschaut, ob sie sich vielleicht doch traut, weiterzugehen. Dabei habe ich grundsätzlich keinen Druck mehr gemacht. Wir haben uns hingesetzt und in die Gegend geschaut; es gab Leckerchen und wir haben noch eine Weile beobachtet. Wenn ich dann wieder aufgestanden bin und gefragt habe: »Gehen wir weiter?« und in die gewünschte Richtung ein paar Schritte gemacht habe – und sie nicht mitkam –, blieb ich auch stehen und fragte: »Magst du zurück?« Wenn sie dann nicht mitkam, drehte sie sich meist freudig um, lief ein paar Schritte Richtung Heimat oder Auto, je nachdem, wo wir gerade waren, und schaute sich dann um, ob ich's verstanden habe. Und dann sind wir einfach wieder nach Hause gegangen.

Alte Hunde richtig unterstützen

Für mich ist das kein Thema mehr. Es hat zwar etwas gedauert, aber ich nehme sie so, wie sie eben ist, und organisiere mein Leben entsprechend.

Mittlerweile ist Kisha fast 15 Jahre alt. Sie ist dement, frisst fast nur noch aus der Hand, und ich muss das Futter immer wieder wechseln. Sie ist inkontinent und ich bin gefühlt nur noch am Decken waschen. Es gibt Tage, die wahnsinnig anstrengend mit ihr sind – an denen lässt sie mich kaum arbeiten und braucht sehr viel Unterstützung. Aber wenn ich auf unser gemeinsames Leben zurückblicke, haben sich viele »Probleme« fast von allein gelöst. Fremde Menschen waren in den letzten

Foto: Christian Köhler

Jahren kein Thema mehr. Jugendliche findet sie auch heute noch doof. Dafür hatten wir bei den Spaziergängen kaum noch Probleme; zum Schluss gab es nur noch 2 Stellen, die sie nicht geschafft hat – dort sind wir dann einfach nicht mehr entlang gegangen.

Bei Kisha war das Allerwichtigste: Vertrauen aufzubauen. Sie lernte immer mehr, dass sie sich jederzeit auf mich verlassen kann, und dass es wirklich in Ordnung ist und ihr nichts passiert, wenn ich sage, dass etwas okay ist. Gleichzeitig habe auch ich lernen müssen, ihr mehr zuzutrauen.

Was Training leisten kann – und was nicht

Ein wirkliches Miteinander beginnt damit, den anderen so anzunehmen, wie er ist. Das fällt uns häufig schon bei unseren Mitmenschen nicht leicht, und bei Hunden scheint es manchmal noch schwieriger zu sein. Vielleicht, weil viele Menschen denken, dass sich jeder Hund mit Training in die Form pressen lässt, die man selbst gerne hätte. Vielleicht auch, weil der Mensch ein Meister im Verdrängen ist.

Wenn Kunden zu mir ins Training kommen, besprechen wir als Erstes folgende Dinge: Wie ist die Lebenssituation des Menschen, wer lebt alles in der Familie, wie lebt diese Familie, wo genau kommt der Hund her (Züchter, Tierschutzverein etc.), was sind die Trainingswünsche, und wie genau wurde bisher trainiert (oder auch nicht).

Bei dieser Bestandsaufnahme zeigt sich immer wieder, dass das größte Problem ist, wenn die Vorstellung des Hundes, den diese Menschen gerne hätten, überhaupt nicht mit dem realen Hund übereinstimmt, der nun mit ihnen zusammenlebt. Dieser Unterschied zwischen eigener Vorstellung und Realität führt zu Frust und damit zu Ungeduld und Unfairness.

Irgendwann kann der Hund scheinbar gar nichts mehr richtig machen, weil sich der Mensch nur noch auf die (vermeintlich) negativen Eigenschaften konzentriert.

Einen besonders schlimmen Fall hatte ich vor einigen Jahren kurz im Training. Leider haben die Halter das Training abgebrochen. Vielleicht haben sie die Hündin dann doch abgegeben – ich denke, sie wollten sich nicht auf eine andere Art des Trainings einlassen und haben die Probleme nicht bei sich selbst gesehen.

Als die Hündin zu mir kam war sie 2 Jahre alt, zeigte starke Aggression gegenüber anderen Hunden, war schnell aufgeregt und bellte viel. Kinder fand sie ebenfalls sehr furchteinflößend. Bisher sah ihr Leben wie folgt aus:

- Mit 6 (!) Wochen wurde sie an die Halter abgegeben.
- Eine Nachbarshündin habe sie »gut erzogen«, indem sie sie im Nacken gepackt und geschüttelt hat – als Sanktion. Das Schütteln im Nacken kommt einer Todesdrohung gleich und hat nichts mit einer normalen Zurechtweisung unter Hunden zu tun.
- Sie wurde zweimal von anderen Hunden attackiert, einmal dabei so schwer an der Kehle verletzt, dass sie mit 2 Stichen genäht werden musste.
- Zudem wurde mit ihr mittels Sprühhalsband, »auf den Rücken werfen« und grober Unterordnung trainiert.
- Als kleiner Welpe wurde sie einmal von Kindern mit Stöcken geärgert – das wurde zwar unterbunden, hatte aber dennoch zur Folge, dass sie Kinder furchtbar findet.

Diese Hündin hatte von Geburt an keinerlei Chance. Sie kam viel zu früh von der Mutter weg, und ab dann folgten fast nur schlechte Erfahrungen mit anderen Hunden. Die Hündin, die sie »erzogen« hat, war auch keine souveräne Hündin, die entspannt das Leben gezeigt hätte. Hunde schütteln andere Tiere im Nacken, wenn sie sie töten wollen – so ein Verhalten ist für einen Welpen extrem furchteinflößend.

Die Not, die diese Hündin hatte – aus der heraus sie viel bellte –, wurde nicht gesehen. Es sollte einfach aufhören. Hier hätte das Training ein Umdenken der Halter erfordert und den Willen, sich auf einen neuen Weg einzulassen. Es wäre ein langer Weg gewesen, dieser Hündin zu helfen – aber ein Weg, der machbar gewesen wäre, denn sie sprach schon in der ersten Stunde gut auf unser Training an. Leider konnte ich die Menschen nicht überzeugen.

Dabei wäre das Training noch nicht einmal besonders aufwendig gewesen. Es hätte einfach mehr Geduld und Einfühlungsvermögen gebraucht:

- Spaziergänge sollten erst einmal in reizarmer Umgebung stattfinden.
- Auf den Spaziergängen sollte mehr auf Ruhe geachtet werden und der Hündin Zeit zum Schnüffeln und Schauen gegeben werden – also einfach weniger statt mehr.
- Kein Anbrüllen, kein Rucken oder Blocken mehr.

- Üben an weit entfernten Reizen wie Hunden oder Kindern: Für jedes ruhige Hinschauen hätte sie belohnt werden sollen. Hier hätten wir gemeinsam im Begegnungstraining gearbeitet und ihr geholfen, selbstständig gute Entscheidungen zu treffen.

Über diesen Weg wäre das Leben der Hündin relativ schnell einfacher und entspannter geworden. Dafür hätte es ein echtes Umdenken der Menschen gebraucht – und die Bereitschaft, das eigene Verhalten dauerhaft zu verändern, um der Hündin eine neue Lernerfahrung zu ermöglichen.

Leider erlebe ich immer wieder, dass selbst beim sogenannten positiven Training die Bedürfnisse der Hunde aus dem Blick geraten. Denn nur, weil auf Strafe verzichtet wird, heißt das noch lange nicht, dass das Training auch wirklich im Sinne des Hundes ist. Die Methoden klingen freundlich, und oft sind sie es auch – trotzdem lohnt sich ein genauerer Blick.

Der geöffnete Fang und die Falten am Mundwinkel zeigen, dass dieser Hund gestresst ist.

Es gibt viele Arten, mit Hunden positiv zu trainieren. Sie tragen wohlklingende Namen wie »Click für Blick«, CTA (Changing the Association), BAT (Behavioral Adjustment Training) oder klassisches Markertraining. Allen gemein ist der Anspruch, belohnungsbasiert und möglichst ohne Druck zu arbeiten. Die Bedürfnisse des Hundes stehen im Mittelpunkt, das Training orientiert sich an den aktuellen Erkenntnissen aus der Lerntheorie. Dabei wird darauf geachtet, ob klassisch oder operant konditioniert wird, in welchem Lernquadranten man sich bewegt, und es werden Fortbildungen besucht, um auf dem neuesten Stand der Forschung zu bleiben.

Und genau das finde ich richtig und wichtig, denn es zeigt, dass wir bereit sind, umzudenken und Verantwortung zu übernehmen. Ich selbst arbeite so und versuche, meinen Werkzeugkoffer immer weiter zu füllen, um das beste Training für jedes Mensch-Hund-Team zusammenstellen zu können.

Aber auch auf der Seite der »guten« Trainer gibt es Schattenseiten. Denn genauso kann durch positives Training eine Form der Abhängigkeit entstehen, die nicht gesund für den Hund ist.

Wenn ein Hund sehr oft dafür belohnt wird, dass er Blickkontakt zu seinem Menschen aufnimmt, kann es passieren, dass sich dieser Hund kaum mehr eigenständig bewegt und sehr am Menschen klebt.

Auf den ersten Blick wirkt das vielleicht unproblematisch. Für den Hund bedeutet das jedoch, dass er sich kaum noch hündischen Dingen widmet wie Schnüffeln, in die Gegend gucken oder sich im Gras wälzen. Er schaut nur noch, was sein Halter macht – und das ist keine schöne Art, spazieren zu gehen. Dieser Hund wurde zwar nicht durch Leinenruck an die Seite seines Menschen gebracht, hat aber genauso wenig Entscheidungsfreiheit wie sein Kumpel, der am Kettenwürger geht.

Ich kann durch positives Hundetraining einen Hund ähnlich stark kontrollieren wie über aversives Training. Der Unterschied besteht nur darin, dass der Hund freundlich dazu gebracht wird, zu tun, was wir von ihm verlangen. Das ist zwar grundsätzlich besser, aber die Auswirkungen sind für den Hund trotzdem nicht gut – denn der eigene Wille und die eigenen Entscheidungen werden ihm fast komplett genommen. Ein Hund, der sich erst auf mein Signal hin frei bewegt, permanent bei mir eincheckt und nichts aus eigenem Antrieb heraus macht, ist für mich ein fast genauso armes Wesen wie einer, der sich nicht traut, ein Verhalten zu zeigen, weil es sonst eine Strafe gibt.

Ich habe es schon erlebt, dass Menschen mit ihren Hunden spazieren gehen und mindestens einmal in der Minute irgendein Signal geben. Kaum schaut der Hund zu lange ins Gebüsch, soll er herauskommen. Er soll nicht schnüffeln, weil er irgendwann einmal etwas gefressen hat, das er nicht vertragen hat. Er soll nicht zu weit weggehen, nicht in den Bach springen, nicht aus der Pfütze trinken und nicht mit den Ohren richtig wackeln ... Das alles wurde sehr freundlich gemacht und auch trainiert, aber dieser Hund durfte sich kaum bewegen, ohne dass seine Halterin ihn kontrollierte.

Nur, weil ich fast jedes Verhalten konditionieren beziehungsweise trainieren kann, heißt das noch lange nicht, dass ich das auch immer tun sollte. Stattdessen wäre es viel wichtiger, wieder das Wesen unserer Hunde, ihre Bedürfnisse und Wünsche in den Vordergrund zu stellen. Wir sollten lernen, zu sehen, was für einen Hund wir an unserer Seite haben – und was dieser als Individuum braucht, um glücklich zu sein.

Natürlich kann ich einem Hund auf freundliche Art und Weise beibringen, dass er ohne zu ziehen durch die Stadt läuft. Aber fühlt sich dieser Hund dann wirklich wohl in der Stadt und hat er Spaß daran, dabei zu sein? Wessen Bedürfnis steckt dahinter? Wenn ich im Training die Frage stelle, warum der Hund überhaupt mit in die Stadt soll, bekomme ich oft die Antwort: »Weil es doch für den Hund schöner ist, wenn er überall dabei sein kann.« Es gibt auch tatsächlich Hunde, auf die das zutrifft – die die Stadt spannend und es super finden, wenn sie gemeinsam mit ihren Menschen unterwegs sind. Diese Hunde brauchen aber selten Training, weil sie sich in solchen Situationen ohnehin wohlfühlen und entspannt sind.

Bei vielen anderen Hunden sieht das ganz anders aus. Dort ist es vor allem der Wunsch des Menschen, den Hund immer dabei zu haben. Für den Hund bedeutet ein Stadtbummel oft Stress, Reizüberflutung und Unsicherheit. Viel lieber würde er zu Hause entspannen, während sein Mensch einkaufen geht.

Wenn ich mich in der Stadt umschaue, sehe ich bei fast 90 Prozent der Hunde deutliche Stresszeichen und das klare Gefühl, dass sie sich unwohl fühlen. Und ähnlich wie bei Stadtspaziergängen zeigt sich dieses Missverhältnis auch bei Hundebegegnungen.

Wenn ein Hund keine Lust hat, mit anderen Hunden zu spielen, warum sollte er dann immer und immer wieder mit fremden Hunden zusammengebracht werden? Ich kenne einige erwachsene Hunde, die maximal kurz Hallo sagen und dann wieder ihrer Wege ziehen – oder auch gleich ganz ausweichen und wenig Wert auf fremde Kontakte legen. Auch hier steht oft das Bedürfnis des Menschen im Vordergrund, einen Hund zu haben, der mit jedem freundlich ist und immer schön spielen möchte, und nicht das Bedürfnis des Hundes, einen festen Freundeskreis zu haben und ansonsten wählerisch zu sein, wen er mag.

Ich kann – und sollte – Hundebegegnungen trainieren, wenn mein Hund auf fremde Hunde negativ oder übermäßig aufgeregt reagiert, damit unser Alltag entspannter wird und mein Hund Strategien entwickeln kann, mit solchen Situationen umzugehen. Das bedeutet aber nicht, dass ich ihn von einem Kurs zum nächsten schicken muss, nur weil das Training »positiv« ist. Wenn ein Hund immer wieder deutlich zeigt, dass er keine Lust auf Kontakt zu fremden Hunden hat, dann ist es an uns, das zu akzeptieren und ihm genau das Maß an Abstand und Ruhe zuzugestehen, das er braucht.

Manchmal ist der beste Weg nicht das nächste Training, sondern die Entscheidung, es einfach gut sein zu lassen. Auch das ist Bedürfnisorientierung.

Bevor du mit einem Training beginnst, solltest du dich als Allererstes fragen, was deine Motivation dahinter ist und ob das Training im Einklang mit den Bedürfnissen deines Hundes steht. Wenn du ein bestimmtes Verhalten nur trainieren möchtest, weil es für dich bequemer ist oder eine gewisse Außenwirkung hat, aber im Gegensatz zu den Bedürfnissen deines Hundes steht, solltest du eine andere Lösung finden.

Eine Kundin von mir ist z. B. gerne joggen gegangen und wollte, dass ihr Hund währenddessen brav neben ihr läuft. Er wollte aber viel lieber schnüffeln und die Runde gemütlich gehen. Wir haben einen Kompromiss gefunden: An den Tagen, an denen sie nicht die Zeit hatte, zweimal Gassi zu gehen – einmal joggen, einmal gemütlich –, hat sie ihren Hund zum Joggen mitgenommen, aber nur dort, wo er ohne Leine laufen konnte. So konnte er immer noch relativ viel schnüffeln und sie konnte ihrem Sport nachgehen, der für sie aus gesundheitlichen Gründen wichtig war.

Auf die Bedürfnisse deines Hundes zu achten, bedeutet also nicht, dein eigenes Leben komplett hintenanzustellen. Ich möchte dich ermutigen, zu hinterfragen, ob die Ziele, die du für deinen Hund steckst, sinnvoll sind oder einem Ideal entspringen, das dein Hund gar nicht erfüllen kann oder will. Eine einfache Frage, die du dir stellen kannst, ist: Warum? Warum soll dein Hund etwas ganz Bestimmtes lernen? Wenn du darauf keine sinnvolle Antwort hast oder die Antwort deinen Hund nicht mit einbezieht, solltest du noch einmal darüber nachdenken, ob das Training wirklich sinnvoll ist.

Natürlich gibt es viele Bereiche, in denen Training notwendig und sinnvoll ist – insbesondere, wenn es darum geht, den Alltag für Mensch und Hund leichter zu machen. Ein durchdachtes, bedürfnisorientiertes Training kann deinem Hund helfen, mehr Freiheiten zu genießen, sich sicherer zu fühlen und sich in unserer komplexen Menschenwelt besser zurechtzufinden. Entscheidend ist aber immer: Für wen trainierst du?

Häufige Zielkonflikte im Hundetraining

Nicht alle Trainingswünsche lassen sich mit den Bedürfnissen deines Hundes vereinbaren. Typische Zielkonflikte sind:

- **Bewegungsdrang vs. Alltagstauglichkeit**
  Dein Hund möchte sich viel bewegen, aber dein Alltag lässt nur kurze Runden zu.
- **Erkundungsverhalten vs. Kontrolle**
  Dein Hund will schnüffeln und seine Umwelt erforschen, du wünschst dir zügige, lineare Spaziergänge.
- **Ruhebedürfnis vs. ständige Präsenz**
  Dein Hund bräuchte eigentlich Rückzugszeiten, soll aber ständig dabei sein (z. B. in der Stadt, beim Besuch oder im Büro).
- **Soziale Vorlieben vs. Erwartung an Sozialverträglichkeit**
  Dein Hund ist wählerisch im Kontakt mit Artgenossen. Du erwartest, dass er mit jedem Hund klarkommt.
- **Stressvermeidung vs. Reizkonfrontation**
  Dein Hund zeigt Überforderung in bestimmten Umgebungen, du möchtest ihn aber daran »gewöhnen«, statt Alternativen zu bieten.
- **Bedürfnis nach Selbstwirksamkeit vs. permanenter Anleitung**
  Dein Hund zeigt Eigeninitiative, du korrigierst ständig und gibst dauernd Signale.

Die eigene Hundeschule

Wie so oft in meinem Leben kam der Punkt, an dem sich etwas ändern musste, recht abrupt. Irgendwann wurde mir klar, dass ich nicht mehr lange in meinem alten Job arbeiten wollte. Also beantragte ich die Prüfung beim Veterinäramt, damit ich die mittlerweile nötige Zulassung als Hundetrainerin bekommen konnte.

Gleichzeitig erstellte ich die Website, schaltete ein paar Anzeigen und fing langsam an, meine eigene Hundeschule aufzubauen – neben meinem Job in München. Ich reduzierte meine Cutter-Tätigkeit auf die Hälfte, die restliche Zeit arbeitete ich als Hundetrainerin. Nach anderthalb Jahren war ich so weit, dass ich allein von der Hundeschule leben konnte. Wie der Zufall es wollte, gab es Änderungen in der Firma, in der ich tätig war, und ich wurde dort nicht mehr gebraucht. Also brach ich meine Zelte in München ab und stürzte mich in das Abenteuer, Unternehmerin zu werden.

Genau zu diesem Zeitpunkt zog ein neuer Hund bei mir ein – Kasper, ein kleiner Mischling, der aussah wie eine Mischung aus Sheltie und Corgi. Kasper war etwa 12 oder 13 Jahre alt, sah nicht mehr besonders gut und hörte gar nichts mehr.

Seine Nierenwerte waren nicht die besten und er wirkte etwas »zerrupft«. Eigentlich war ein zweiter Hund erst für ein Jahr später vorgesehen, und dann sollte es ein jüngerer, größerer Rüde werden, der in der Hundeschule helfen könnte und Kisha entlasten sollte. Aber manchmal kommt es eben anders als geplant.

Ich besuchte eine Freundin, die im Tierheim lebt und arbeitet, und fragte sie, ob ich die beiden älteren Hunde kennenlernen könnte, die 3 Monate zuvor ins Tierheim gekommen waren. Ich ging ins Zimmer von Kasper und seiner Schwester Leni, sah ihn – und es war klar, dass dieser kleine Hund mein Herz im Sturm erobert hatte. Liebe auf den ersten Blick gibt es also wirklich.

Ich stellte Kasper meiner Hündin Kisha vor. Die fand ihn eher langweilig, aber nachdem er nicht mit auf dem Sofa schlafen wollte, war es für sie in Ordnung. 3 Tage später zog er ein und bereicherte 2 Jahre lang mein Leben.

Kasper brachte mir sehr viel in Bezug auf Geduld und Höflichkeit bei. Er war ein Hund, der alle Herzen im Sturm eroberte und jedem ein Lächeln auf die Lippen zauberte. Menschen fand er ganz okay, viel wichtiger war ihm aber, dass es regelmäßig gutes Essen gab, er ein kuscheliges Körbchen hatte und ein Dach über dem Kopf. Jeden Morgen propellerte er mit seiner Rute, wenn ich aufstand und das Futter herrichtete. Er genoss es, gemütlich über meinen Hundeplatz zu trödeln und machte größtenteils sein eigenes Ding.

Wenn er etwas nicht wollte, zeigte er das auch ganz deutlich. In den ersten Tagen bei mir habe ich ihn sanft davon abgehalten, sich in Kot zu wälzen. Ich habe ihn einfach am Geschirr genommen und vorsichtig weggezogen. Das war in seinen Augen gar nicht nett – er warf mir einen Blick zu, der sagte: »So nicht, Madame«, drehte sich um und lief nach Hause. Ich stand ziemlich baff da und sah meinem empörten kleinen Hund nach, der so unglaublich viel Charakter hatte.

In den folgenden 2 Jahren habe ich sehr viel geputzt, da Kasper es nicht immer schaffte, seine Geschäfte draußen zu verrichten – mehr als einmal trat ich morgens in einen seiner Pipi-Unfälle. Eine Freundin schenkte mir einen praktischen Wischer, der ab sofort mein bester Freund wurde.

Ein Jahr nach Kasper zog Pippa ein, eine alte Hündin, die dringend ein Zuhause suchte. Ich dachte mir, ein kleiner Hund mehr oder weniger fällt nicht ins Gewicht, stellte sie Kasper und Kisha vor und nahm sie mit in unsere WG. Was ich zu diesem Zeitpunkt nicht wusste: Pippa konnte nicht alleine bleiben, und zwar keine 5 Minuten. Es stellte sich später heraus, dass sie Probleme mit der Bauchspeicheldrüse und eine Schilddrüsenunterfunktion hatte – nachdem das eingestellt war, wurde es ein wenig besser. Trotzdem musste ich immer, wenn ich Trainings hatte, einen Hundesitter organisieren. Das ging sowohl ins Geld als auch an die Nerven. Ich konnte nicht einmal abends zum Sport gehen, ohne Pippa vorher zu einem Freund zu bringen und sie danach wieder abzuholen.

Durch Kasper und Pippa habe ich alte Hunde sehr zu schätzen und zu lieben gelernt. Auch bei Linus war ich dankbar, diese Lebensphase mit ihm gemeinsam zu meistern, denn alte Hunde besitzen eine ganz eigene Weisheit. Ich habe Kasper und Pippa bis zum Schluss begleitet, leider war uns gemeinsam nicht mehr viel Zeit vergönnt. Kasper musste ich nach 2 Jahren gehen lassen, und Pippa starb schon nach nur einem Jahr, obwohl ich alles versucht habe, ihre Krankheiten und Schmerzen in den Griff zu bekommen.

Mittlerweile war die Pandemie in vollem Gang, und ich stellte meine Hundeschule größtenteils auf Onlineunterricht um. Ich suchte neue Wege, um mit der Situation klarzukommen. Die Hundeschule war inzwischen so weit gewachsen, dass ich Trainer als Verstärkung angestellt hatte – und diese mussten natürlich weiterbezahlt werden.

Anfang 2021 lebte nur noch Kisha bei mir, und ich beschloss, dass das auch erst einmal so bleiben sollte. Sie hatte darunter gelitten, dass ich so viel Aufmerksamkeit auf Pippa legen musste, weil sie so krank war und aufgrund ihres Trennungsstresses immer mitgehen durfte, beziehungsweise musste, wenn ich unterwegs war.

Jetzt sollte wieder Zeit nur für Kisha sein, und ich dachte, sie würde es vorziehen, als Einzelprinzessin bei mir zu leben, statt mich teilen zu müssen. Im März belehrte sie mich jedoch eines Besseren: Ab und zu passte ich auf den älteren Hund von Bekannten auf, und Kisha freute sich jedes Mal wahnsinnig, wenn Sam ein paar Tage bei uns zu Besuch war. Mir wurde klar, dass sie durchaus gerne mit anderen Hunden zusammenlebt – es müssen nur die richtigen sein.

Leben mit mehreren Hunden

Die vergangenen Jahre haben bei mir – bis auf kurze Ausnahmen – immer mehrere Hunde gelebt. Das war und ist nicht immer einfach. Darum geht es in diesem Kapitel um die Vor- und Nachteile der Mehrhundehaltung. Es soll dir helfen herauszufinden, ob ein weiterer Hund in deinem Leben wirklich eine gute Idee ist – nicht im Sinne von »das macht man so«, sondern unter Berücksichtigung aller wichtigen Faktoren für dich und vor allem für deinen bereits vorhandenen Hund.

Mehrere Hunde in einem Haushalt bedeuten mehr Sozialkontakte, gemeinsame Zeit mit Artgenossen und gegenseitige Gesellschaft – aber manchmal auch mehr Stress. Nicht jeder Hund wünscht sich einen Mitbewohner und nicht jeder Mensch ist dem Aufwand gewachsen, den eine Mehrhundehaltung mit sich bringt.

Bevor ein weiterer Hund bei dir einzieht, solltest du folgende Dinge ehrlich abklären:
- Passt der neue Hund zu deinem vorhandenen Hund?
- Wie steht dein Hund grundsätzlich zu anderen Hunden?
- Bist du bereit, Zeit, Geld und Aufmerksamkeit mindestens zu verdoppeln?

Einfach einen neuen Hund ins Haus zu holen, ohne vorher zu prüfen, ob sich beide verstehen, ist ungefähr so, als würde man dir einen fremden Menschen vorsetzen und sagen: »Der wohnt jetzt hier. Freu dich drauf!« Undenkbar für uns, oder?

Bevor du eine endgültige Entscheidung triffst, solltest du unbedingt ausprobieren, ob sich die Hunde verstehen. Das bedeutet nicht, dass sie gleich beim ersten Spaziergang spielen müssen, aber zumindest sollten sie sich nicht vollkommen doof finden. Ich empfehle, erst einige Male gemeinsam unterwegs zu sein, bevor du dich entscheidest. Teste auch, ob es für deinen Hund in Ordnung ist, wenn der »Neue« mit nach Hause kommt: Manche Hunde verstehen sich gut beim Spazierengehen, dulden aber trotzdem keinen weiteren Hund in den eigenen 4 Wänden.

Foto: Tanja Höltke

Die Sache mit dem Welpen

Wenn du einen Welpen zu deinem Senior holst, solltest du dir ganz sicher sein, dass dein alter Hund kein Problem damit hat und nicht vollkommen genervt sein wird. Der Gedanke, dass der ältere Hund den Welpen mit erzieht, klingt zwar nett – ist es aber in einigen Fällen für den ersten Hund überhaupt nicht. Viele alte Hunde wollen vor allem eines: ihre Ruhe. Und die ist mit einem quirligen Welpen selten gegeben.

Foto: Tanja Höltke

Spaziergänge werden mit so unterschiedlichen Hunden schnell zur logistischen Herausforderung: Dein Welpe kann zu Beginn noch nicht so lange Gassi gehen wie der ältere Hund, allerdings kann er auch noch nicht allein zu Hause bleiben.

Wenn mehrere Menschen in deiner Familie leben, lässt sich das meist gut regeln. Lebst du allein, brauchst du am Anfang Unterstützung oder musst kreativ werden. Du könntest z. B. den Welpen in einem Buggy oder Hunderucksack mitnehmen, damit dein Ersthund auf seine Kosten kommt.

Später wird sich das Ganze umdrehen: Dein Senior kann nicht mehr so lange spazieren

Wenn es so harmonisch läuft, ist es ideal und beide kommen auf ihre Kosten.

gehen, während der jüngere Hund weiterhin ausreichend Bewegung braucht. Das bedeutet, dass du entweder 2 Runden gehst oder für den älteren Hund nun den Buggy mitnimmst. Im Alltag solltest du dafür sorgen, dass beide ausreichend Ruhe bekommen und das Hundekind den älteren Hund nicht ständig belästigt. Eine Möglichkeit ist, beide zu bestimmten Zeiten durch ein Hundegitter zu trennen.

Auch bei 2 oder mehreren erwachsenen Hunden können getrennte Spaziergänge – vor allem zu Beginn – sinnvoll sein. Überlege dir genau, ob du die Zeit und Geduld dafür hast.

Du brauchst:

- mehr Zeit,
- mehr Geduld,
- mehr Kraft (2 20-Kilo-Hunde an der Leine sind eine sportliche Herausforderung),
- mehr Organisation im Alltag,
- und vor allem: mehr Gespür für das, was jeder einzelne Hund braucht.

Nehmen wir einmal an, bisher lebte ein entspannter, mittelgroßer Mischling bei dir. Er hat nicht an der Leine gezogen und war fremden Hunden gegenüber freundlich interessiert. Jetzt zieht eine ebenso große Hündin bei dir ein, die Probleme mit anderen Hunden an der Leine hat.

Folgendes sind mögliche Varianten:

1. Der neue Hund orientiert sich am souveränen Ersthund – das wäre ideal, ist aber eher selten.

2. Dein Rüde kann nun auch nicht mehr zu anderen Hunden, da du wegen der Hündin einen größeren Abstand brauchst. Er ist dadurch frustriert und entwickelt vielleicht selbst ein Problem. Jetzt hast du 2 Hunde, die fremde Hunde an der Leine nicht gut finden.
3. Deinem Rüden ist es egal, was deine Hündin tut, und er bleibt in Begegnungen weiterhin ruhig.

Und dann ist da noch der Alltag

Zwei (oder mehr) Hunde bedeuten:

- doppelte Futterkosten
- doppelte Versicherungen
- höhere Tierarztkosten – die in den vergangenen Jahren enorm gestiegen sind
- mehr Platzbedarf (im Auto, im Haus, auf der Hundewiese)
- den Bedarf nach getrennten Rückzugsorten für jeden Hund

Kasper hat sich immer wieder zu Kisha ins Körbchen gelegt und ihre Nähe gesucht.

Wenn du jetzt denkst: »Puh, das klingt anstrengend« – ja, das kann es in der Tat sein. Aber: Wenn du gut vorbereitet bist und deine Hunde wirklich zueinander passen, kann das Leben mit mehreren Hunden eine große Bereicherung sein. Ich selbst bin überzeugte Mehrhundehalterin. Aber ich weiß auch, wie viel Organisation, Feinfühligkeit und Kompromissbereitschaft das erfordert.

Und ich weiß: Für Hunde, die sich wirklich mögen und das Leben miteinander genießen, kann die Mehrhundehaltung ein großes Geschenk sein.

Checkliste Mehrhundehaltung

Bevor ein weiterer Hund bei dir einzieht, solltest du dir folgende Fragen ehrlich beantworten:

Grundvoraussetzungen prüfen

- Passt der neue Hund charakterlich zum vorhandenen Hund?
- Besteht grundsätzlich Interesse und Verträglichkeit zwischen den Hunden?
- Ist eine behutsame Annäherung möglich (z. B. über mehrere gemeinsame Spaziergänge)?

Aufwand realistisch einschätzen

- Habe ich genügend Zeit für getrennte Spaziergänge und individuelles Training?
- Bin ich körperlich in der Lage, mehrere Hunde zu führen?
- Kann ich meinen Alltag organisatorisch entsprechend anpassen?

Finanzielle Aspekte bedenken

- Zusätzliche Futter-, Versicherungs- und Tierarztkosten
- Eventuell notwendige Anschaffungen (z. B. Hundebuggy, Absperrgitter)
- Mehr Platzbedarf zuhause und unterwegs

Bedürfnisse der Hunde beachten

- Hat jeder Hund einen eigenen Rückzugsort?
- Können Ruhezeiten sichergestellt werden?
- Wurden Alter und Gesundheitszustand beider Hunde berücksichtigt (z. B. Welpe + Senior)?

Vor allem gilt: Nicht jeder Hund möchte Gesellschaft. Auch bei gutem Willen und guter Vorbereitung kann es sein, dass ein weiterer Hund nicht ins bestehende Gefüge passt. Beobachte genau – und entscheide im Zweifel immer im Sinne deines bereits vorhandenen Hundes.

Foto: Simone Nettingsmeie

Kapitel 5

ZWISCHEN FERNSEHEN UND WIRKLICHKEIT

Kommt das im Fernsehen?

2018 klingelte das Telefon. Am Apparat war die Schwester einer befreundeten Hundetrainerin. Der Bayerische Rundfunk suchte jemanden für ein neues Format mit Hundethemen – ob ich mir das vorstellen könnte. Die Freundin selbst lebte in Hamburg und konnte den Job nicht übernehmen, hatte aber gleich an mich gedacht.

Das neue Format kam am Ende zwar nicht zustande, aber die zuständige Redakteurin wollte mich trotzdem nicht ganz vom Haken lassen. Sie arbeitete auch für »Wir in Bayern« – ein Servicemagazin im BR – und schlug vor, mich erst einmal dort vorzustellen. Zunächst sollte ich im Serviceteil auftreten, um zu sehen, ob ich zum Publikum passe.

Ich wurde zum Casting eingeladen – und bestand. Kurz darauf saß ich also nicht mehr nur wie früher im Schnittplatz oder hinter der Kamera, sondern auf einem Studiostuhl, wurde in die Maske geschickt, freundlich nach meinem Kaffeewunsch gefragt – und sprach live im Fernsehen über Hunde.

Vor der Kamera zu stehen, war eine komplett neue Erfahrung für mich. Jetzt war ich nicht mehr Teil des Produktionsteams hinter den Kulissen, sondern stand plötzlich mitten im Scheinwerferlicht. Da ich wusste, wie der Ablauf im Studio funktioniert, war ich von Anfang an ziemlich entspannt und habe die Tage im Studio immer sehr genossen.

Für die Sendung durfte ich meine Beiträge sogar selbst vorbereiten. Ich habe meine eigenen Hunde oder Kundenteams gefilmt, mir die Themen überlegt, die Texte geschrieben und daraus kleine Einspielfilme gemacht, die dann in der Sendung gezeigt wurden.

An den Tagen, an denen ich im Studio war, hat meine tolle Nachbarin Marie Kisha und Kasper in den Garten gelassen und sie gefüttert. Ich war an diesen Tagen etwa 6 Stunden unterwegs: 2 Stunden Fahrtzeit hin und zurück von Rosenheim nach München plus insgesamt 4 Stunden im Studio für anderthalb Stunden Live-Aufzeichnung. Das hätten meine Hunde zwar geschafft, aber mir war es lieber, dass zwischendurch nach beiden geschaut wurde und vor allem Kasper in den Garten konnte. So musste ich nicht gleich wieder putzen, wenn ich nach Hause kam.

Ich war 5 Jahre lang regelmäßig bei »Wir in Bayern« zu sehen. Daraus entstand sogar ein gemeinsames Buchprojekt mit dem BR – »Wir sind ein Team« – mein erstes Buch überhaupt. Eines, auf das ich bis heute stolz bin.

2023 zog es mich zurück in meine alte Heimat – nach NRW. Ich wollte wieder näher bei meiner Familie sein. Das führte leider dazu, dass ich meinen Platz bei »Wir in Bayern« aufgeben musste.

So sehr ich die Fernsehbranche liebe, klar ist auch: Fernsehen zeigt nie die ganze Wahrheit. Es zeigt Ausschnitte, verdichtete Geschichten. Emotionen in 1:30 Minuten, so, dass es verständlich, unterhaltsam – und möglichst »schnell lösbar« aussieht. Dass echtes Hundetraining aber selten in diese schnelle Lösung passt, darüber sprechen wir jetzt.

TV Training und die Inszenierung

Wir alle kennen das: Da läuft eine dieser Fernsehsendungen, in denen ein Hundetrainer mit cooler Sonnenbrille und markigem Spruch auftritt. Der Chihuahua, der vorher noch jeden Besuch in die Flucht gebellt hat, wird in 45 Minuten zum Musterschüler. Der Leinenrambo verwandelt sich in einen Spaziergangsengel. Und du sitzt da und denkst: »Ach, guck. Geht doch. Warum klappt das bei uns nicht?«

Dass zwischen dem ersten Drehtag und dem Happy End vielleicht mehrere Wochen oder sogar Monate vergangen sind, wird am Rand kurz erwähnt. Aber die eigentliche Botschaft bleibt: Training geht schnell, ist einfach – und wenn's bei dir nicht funktioniert, dann machst du offenbar irgendwas falsch.

Das Problem dabei ist: Fernsehen zeigt nie die ganze Wahrheit. Ich weiß das ziemlich genau, denn ich habe selbst beim Fernsehen gearbeitet. Ich weiß, wie man Geschichten so schneidet, dass sie wirken. Ich weiß, wie man Emotionen erzeugt – wie durch Musik, Schnitt und Perspektive ein ganz bestimmtes Gefühl entsteht. Und ich weiß auch, wie viel von dem, was wir da sehen, eben nicht der Realität entspricht.

Foto: Stratford Productions/stock.adobe

In diesen Formaten geht es um Unterhaltung. Es soll krachen, wild aussehen, unter die Haut gehen. Und das funktioniert eben besser, wenn der Hund erstmal völlig außer Rand und Band ist – und dann wie durch ein Wunder total verändert erscheint.

Nicht selten werden die Probleme als viel schlimmer dargestellt, als sie wirklich sind. Entweder, indem der Hund extra hochgepusht oder in Situationen gebracht wird, in denen er stark reagieren muss. Oder eine fast normale Situation wird durch Schnitt und Musik dramatisiert.

Nach dem »Training« sehen wir dann denselben Hund in einer genau geplanten Situation – ruhig, abgelenkt oder schlicht erschöpft – und sollen glauben, das Problem sei komplett gelöst. Dabei liegt zwischen dem »Vorher« und »Nachher« oft gar kein so großer Unterschied. Nur der Rahmen wurde verändert. Ob das, was wir da sehen, auch Tage oder Wochen später noch Bestand hat, erfahren wir nicht.

In Wahrheit besteht gutes Hundetraining aber nicht aus lauten Ausrastern und dramatischen Wendepunkten, sondern aus Geduld. Aus kleinen Schritten. Und aus sehr vielen Wiederholungen. Das macht sich leider nicht so gut im Fernsehen.

Bedürfnisorientiertes Training arbeitet vorausschauend, achtsam und versucht, Hunde gar nicht erst in Situationen zu bringen, in denen sie überreagieren. Es wird in den Bereichen gearbeitet, in denen die Hunde die jeweilige Situation noch bewältigen können. Und genau das sieht dann für viele langweilig aus – dabei ist es der viel nachhaltigere Weg. Zusätzlich wird uns oft vorgeworfen, dass wir nie mit aggressiven oder »schwierigen« Hunden arbeiten. Einfach, weil das Training eben nicht so spektakulär aussieht. Weil wir darauf achten, dass die Hunde so viel gutes Verhalten wie möglich zeigen und gar nicht erst ausrasten müssen.

Wenn du solche Sendungen schaust, empfehle ich dir Folgendes: Schalt mal den Ton aus und achte nur auf die Körpersprache der Hunde. Wirken sie fröhlich? Locker? Oder eher geduckt, angespannt, beschwichtigend? Was du da siehst, sagt oft mehr über die Trainingsmethode aus als jeder flotte Kommentar des Trainers.

Und noch etwas: Nur weil jemand im Fernsehen ist, heißt das nicht, dass er oder sie automatisch Recht hat. Fernsehen kann Menschen zu Autoritäten machen, selbst wenn ihre Methoden nicht zeitgemäß oder sogar gefährlich sind. Dann siehst du, wie ein Hund angebrüllt, mit Wasser bespritzt oder »gestupst« wird – und weil es im Fernsehen läuft, übernehmen Menschen das zuhause, ohne zu hinterfragen, welche Folgen das haben kann.

Auch in den sozialen Medien scheint alles ganz einfach zu sein. Wenn du dich einmal mit einem bestimmten Trainingstrend beschäftigst oder einem bestimmten Trainer folgst, bekommst du von YouTube, Instagram oder TikTok fast nur noch Inhalte ausgespielt, die genau in diese Richtung gehen. Der Algorithmus sortiert so, dass dir immer wieder ähnliche Videos und Meinungen angezeigt werden – gegenteilige Perspektiven tauchen kaum noch auf. Das kann dazu führen, dass du irgendwann den Eindruck bekommst, alle Hunde würden immer mit bestimmten Techniken trainiert – z. B. mit Korrekturen, Strafen oder Kontrolle. Oder eben ausschließlich mit Futter und Markerworten. Differenzierte Inhalte, kritische Diskussionen oder ehrliche Einblicke in die grauen Zonen dazwischen tauchen so gut wie nie auf.

Gerade, wenn du auf der Suche nach Hilfe bist und dich an einen vermeintlichen Experten wendest, bekommst du deren Inhalte ständig bestätigt – und plötzlich erscheint alles wie die einzig wahre Wahrheit. Es fällt schwer, zu hinterfragen, ob dieses Training wirklich zum eigenen Hund passt – oder ob du gerade nur Teil einer sehr geschlossenen Informationswelt geworden bist.

Wenn dir also jemand verspricht, dass dein Hund in 3 Tagen perfekt leinenführig ist oder dass aus einem unsicheren Hund innerhalb von 2 Wochen ein selbstbewusster Sonnenschein wird – dann sei skeptisch. Wirklich gutes Training braucht Zeit, Verständnis und Anpassung.

Training ist nicht unbedingt ein Fernsehformat

Worauf du achten solltest, wenn du Trainingsvideos oder Hundeshows anschaust:

- **Zeitrahmen hinterfragen:** Was dir in wenigen Minuten gezeigt wird, hat oft Wochen gedauert. Zwischen Vorher und Nachher liegt meist viel mehr Zeit und Arbeit, als präsentiert wird.
- **Schnitt & Inszenierung erkennen:** Dramatische Musik, Perspektivenwechsel und gezielte Szenenauswahl verzerren die Realität. Emotionen werden bewusst erzeugt.
- **Verhalten richtig einordnen:** Achte auf die Körpersprache des Hundes: Ist er wirklich entspannt – oder eher unterwürfig, beschwichtigend oder gestresst?
- **Nicht alles übernehmen:** Nur, weil jemand im Fernsehen oder in den sozialen Medien auftritt, ist er oder sie nicht automatisch qualifiziert. Kritisches Hinterfragen ist wichtig – besonders bei Methoden, die auf Einschüchterung oder Kontrolle setzen.
- **Algorithmen beachten:** Online-Plattformen zeigen dir vor allem das, was du bereits gesucht oder angeschaut hast. So entstehen verzerrte Eindrücke davon, was »üblich« oder »richtig« ist.
- **Versprechen mit Vorsicht genießen:** Wenn schnelle Erfolge oder einfache Lösungen präsentiert werden, lohnt sich ein genauer Blick. Nachhaltiges Training braucht Zeit, Wiederholung und individuelle Anpassung an deinen Hund.

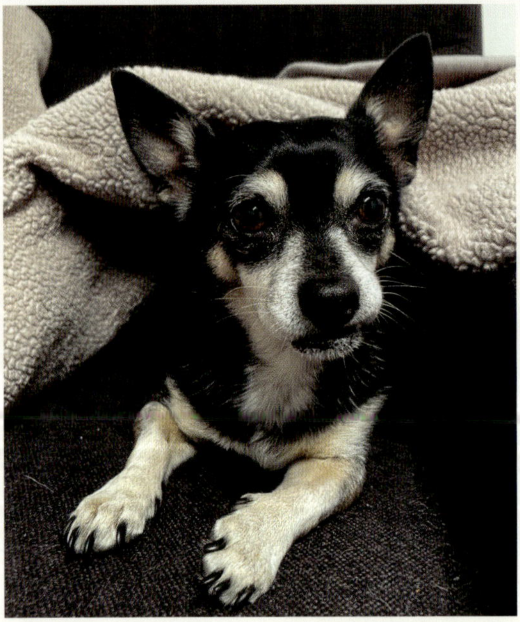

Der Kreis schließt sich

Im April 2021 machte ich mich auf die Suche nach einem Gefährten für Kisha. Ich wünschte mir einen großen, unkomplizierten Rüden. Kisha versteht sich mit Rüden und Hündinnen, für sie ist nur wichtig, dass Sympathie da ist. Ich fuhr einmal mehr ins Tierheim meines Vertrauens und schaute mir einen älteren, weißen Schäferhund an. Schon auf dem Weg dorthin war ich mir nicht sicher, ob es dieser Hund werden sollte. Für mich ist es schwierig, einen Hund nur vom Foto auszusuchen – ich brauche den direkten Kontakt, um entscheiden zu können, ob es passt oder nicht.

Als ich bei Josh im Zimmer saß, hatte ich das Gefühl, dass es weder von seiner noch von meiner Seite aus passte. Wir saßen einfach da, schauten uns an und dachten beide: Nein. Gleichzeitig fixierte mich aus dem Nebenzimmer die kleine Coco permanent und verfolgte mich mit ihren Blicken, auch wenn ich in den Auslauf ging.

Coco ist eine Chihuahua-Hündin, die schon einmal vermittelt war und die ich sogar für ein paar Stunden im Training hatte. Während des Trainings fand ich sie niedlich, und es tat mir leid, dass es bei der Halterin nicht geklappt hatte. Als sie mich nun die ganze Zeit anstarrte, beschloss ich, sie zumindest kurz zu besuchen. Ich hatte sie zu diesem Zeitpunkt schon länger nicht gesehen, aber sie freute sich wahnsinnig, und es war schnell klar, dass sie beschlossen hatte, dass wir 2 zusammengehören. Wir stellten Coco und Kisha einander vor, die Mädels verstanden sich prima und auch bei mir in der Wohnung lief alles gut. Also zog einige Wochen später statt eines stattlichen Rüden mein Wach-Chihuahua ein.

Bisher hatten bei mir größtenteils unproblematische Hunde gelebt, abgesehen von Amigo, der seine ganz eigenen Problematiken mitbrachte. Amigo war jedoch von Anfang an der Hund meines Ex-Mannes und ist mit ihm gemeinsam ausgezogen.

Coco fügte sich nahtlos in mein Leben ein. Sie versteht sich super mit Kisha, und die beiden spielen ab und zu miteinander, auch wenn Kisha mittlerweile etwas in die Jahre gekommen ist. Der Grund, warum Coco 2 Jahre lang auf ein neues Zuhause gewartet hat, ist, dass sie fremden Menschen in ihrer Wohnung (und auch generell) eher abgeneigt ist und das durch

Verbellen und, wenn es ihr zu eng wird, auch durch Abschnappen zeigt. Ihre Liegeplätze und Ressourcen werden verteidigt, und sie hat ihren ganz eigenen Kopf, wenn es darum geht, in welche Richtung wir spazieren gehen. Sie lernt gerne Tricks, aber für die grundlegenden Dinge wie Kommen, wenn ich sie rufe, ist sie nur an guten Tagen zu haben.

Sie passt perfekt in mein Leben, denn ich habe nicht besonders viel Besuch, und wenn, dann kommen gute Freunde. Die kann Coco in Ruhe kennenlernen, und dann ist es auch weniger ein Problem, wenn sich diese in meiner Wohnung bewegen wollen.

Ich habe keinerlei Ansprüche an sie, und ich glaube, das ist der Grund, warum unser gemeinsames Leben so gut funktioniert. Ich kann sie mittlerweile problemlos frei laufen lassen, und wir haben unseren eigenen Weg gefunden, Kompromisse zu schließen, wo wir spazieren gehen und wann es wichtig ist, dass sie schnell zu mir kommt. Kisha ist aufgeblüht und wir hatten wieder mehr Leben in der Bude.

Der Gedanke an einen großen Rüden ließ mich trotzdem nicht los, und ich schaute regelmäßig auf allen möglichen Tierschutzseiten. Im Herbst erzählte mir eine Freundin, dass bei uns im Tierheim gerade ein Herdenschutzhund angekommen sei. Meine Antwort darauf war: »Vergiss es. Ich möchte keinen Herdenschutzhund.« Nach kurzem Überlegen fragte ich noch: »Ist der blond oder dunkel?« – »Blond«, kam die Antwort, woraufhin ich aufatmete und meinte, dass ich nicht auf der Suche nach einem blonden Hund sei. Mir schwebte eher etwas Ähnliches wie Linus vor.

Am nächsten Tag rief ich dann doch im Tierheim an und fragte, ob ich Yuno anschauen könnte. Ganz unverbindlich. Um mich zu überzeugen, dass es nicht mein Hund ist. Am Tierheim angekommen, stieg ich aus dem Auto, sah Yuno im Auslauf, dachte noch, dass er viel kleiner wirkt als auf den Fotos, und in dem Moment, in dem er mich ansah, war mir klar: Ihn habe ich seit über einem Jahr gesucht.

Yuno ist in Griechenland – soweit ich weiß – bei einer netten Familie aufgewachsen. Als diese ihn abgeben musste, wurde er nach Deutschland in eine Familie vermittelt, die leider keinerlei Ahnung von und wenig Mitgefühl für Herdenschutzhunde hatte. Innerhalb weniger Monate wurden diverse Hundeschulen besucht, die erste und letzte waren die einzigen, die mit positiver Verstärkung arbeiteten. Dazwischen lagen Trainings über Leinenruck, Bedrängen, Überfordern und Arbeiten mit Druck. Das Ergebnis war, dass Yuno nicht mehr händelbar war, in eine kleine Kammer gesperrt wurde, für 3 Wochen zur vorletzten Trainerin kam und letztendlich bei uns im Tierheim landete.

Hier ist Yuno noch im Tierheim, in dem ich ihn täglich besucht habe

Mir begegnete ein Hund, der Menschen gegenüber ein tiefes Misstrauen entwickelt hatte. Nachdem er aber erst seit 3 Tagen im Tierheim war, konnten die Mitarbeiter noch nichts Genaueres sagen, außer, dass er brav mit spazieren ging und sich die Dinge gern in Ruhe anschaute. Wie es so oft ist bei Hunden, die plötzlich in eine neue Umgebung kommen, zeigte er sich zurückhaltend, aber nicht unfreundlich. Das änderte sich einige Tage später: Er wurde wählerischer, welche Menschen zu ihm durften, und knurrte Mitarbeiter deutlich an, wenn ihm etwas nicht passte.

Die ersten gemeinsamen Spaziergänge fanden zusammen mit Mitarbeiterinnen des Tierheims statt. Ich erinnere mich noch, dass ich Yuno erst beim dritten Treffen gestreichelt habe. Vorher hatte ich den Eindruck, dass er einfach nur seine Ruhe wollte. Nach dem Kennenlernen stellten wir ihm meine Mädels recht zügig vor, und das klappte extrem gut. Coco, die sehr wählerisch mit fremden Hunden ist, fand ihn auf Anhieb super. Kisha war zurückhaltender und zeigte dem Jungspund von Anfang an deutlich, dass sie keine Lust hat, über den Haufen gerannt zu werden.

Es folgten 6 Wochen Vertrauensaufbau – zwischen Yuno und mir sowie zwischen den Mädels und Yuno. Ich bin fast jeden Tag ins Tierheim gefahren, um mit ihm spazieren zu gehen und ihn stundenweise zu mir nach Hause zu holen. Es war für mich sehr zeitaufwendig, aber es war für alle Beteiligten gut, dass wir uns ausreichend Zeit genommen haben.

Die letzten 2 Wochen stellten sich als besonders hart heraus: Yuno wollte nicht mehr zurück ins Tierheim, sondern bei mir bleiben. In dieser Zeit kamen die Mitarbeiterinnen kaum noch an ihn heran. Das Geschirr ließ er sich nur noch von mir an- und ausziehen. Leider musste er diese letzten Wochen noch durchhalten, da ich über Weihnachten zu meinen Eltern fuhr. Das hätte er noch nicht geschafft, aber mir war es sehr wichtig, das Weihnachtsfest mit meiner Familie zu verbringen. Ich wusste ja nicht, wann ich das nächste Mal dorthin kommen könnte – mit einem Hund, der fremde Menschen gar nicht gut findet.

Als ich Yuno am zweiten Weihnachtsfeiertag endlich abholen konnte, waren wir beide sehr erleichtert. Zuhause hatte ich alles für ihn vorbereitet, das Auto war umgebaut, und ich hatte eine Gittertür in einen Durchgang bauen lassen, damit ich im Notfall einen sicheren Raum für ihn habe – z. B. falls Besuch kommt oder es mit den anderen Hunden zu eng wird. Das Zimmer hat er am Anfang allerdings gar nicht angenommen und fand es richtig doof. So viel zu meinem Plan, dass er dort in der Nacht schlafen könnte, während Coco und Kisha sich frei bewegen. Ich wusste ja nicht, wie er sich verhält, falls Kisha ihn in der Nacht versehentlich umrennt, weil sie in ihrem Alter nicht mehr alles wahrnimmt und manchmal einfach über die anderen Hunde drüber läuft.

Yuno beschloss, dass er nachts lieber im Wohnzimmer schläft. Also habe ich umdisponiert: Ich habe nachts die Wohnzimmertür geschlossen und die Mädels mit ins Schlafzimmer genommen.

Ich hatte nun einen Hund bei mir, der über 6 Monate lang so trainiert wurde, wie ich es mit Linus 2 Jahre lang gemacht hatte. Yuno hat sich im Gegensatz zu Linus nicht gefügt, sondern sehr deutlich seine Meinung gesagt – aus heutiger Sicht vollkommen zu Recht.

Meine Aufgabe war es jetzt, Yuno das Vertrauen in Menschen zurückzugeben und ihm zu helfen, sich besser in unserer Menschenwelt zurechtzufinden. Denn unabhängig von der absoluten Fehleinschätzung und dem unfairen Training ist er ein Herdenschutzhund, der grundsätzlich gut aufpasst und dem man erklären sollte, dass es vollkommen okay ist, wenn Besuch kommt.

In den ersten Monaten habe ich fast nichts anderes mit ihm gemacht, als entspannte Spaziergänge zu genießen und ihm immer wieder zu signalisieren, dass ich keinen Druck aufbauen werde. Jedes Mal, wenn er unsicher wurde, etwas nicht wollte und die Luft anhielt – z. B. wenn ich ihn doch überreden wollte, mit ins Haus zu gehen, anstatt die Nachbarn zu verbellen –, bin ich aus der Situation herausgegangen, habe mich von ihm entfernt und ihm signalisiert, dass alles in Ordnung ist. Ich habe abgewartet, bis er wieder ansprechbar war – dann konnten wir gemeinsam ins Haus gehen. Mit jeder Situation, in der ich sofort deeskaliert habe, wurde er weicher, atmete mehr aus und vertraute mir mehr.

Heute kann ich ihn problemlos am Geschirr nehmen und ihm freundlich, aber deutlich sagen, dass nicht alle Nachbarn angebrüllt werden müssen. Nach 4 Monaten hatte ich keine einzige Situation mehr, in der er überlegt hat, ob er gegen mich gehen soll; solch kritische Momente gab es sowieso nur zweimal, seitdem er bei mir ist. Situationen, in denen sich seine Augen verändert haben und er unsicher war, wie er jetzt reagieren soll, gab es aber öfter.

In den vergangenen 20 Jahren habe ich gelernt, dass es besser ist, loszulassen und mit den Hunden mitzugehen. Ich versuche nicht, die ganze Zeit zu trainieren, damit sich das Verhalten möglichst schnell ändert und besser in mein Leben passt. Stattdessen finde ich Kompromisse in den Bereichen, die er noch nicht schafft, die ich aber für wichtig halte.

Beim ersten Besuch bei meinen Eltern (sie wohnten damals 650 Kilometer entfernt, mal eben auf einen Kaffee vorbeizufahren ging also nicht), habe ich es z. B. so geregelt: Ich habe eine Ferienwohnung gemietet, damit wir immer mal wieder Pausen machen können und Yuno nicht die ganze Zeit bei meinen Eltern sein muss. Fremde Menschen sind für ihn nach wie vor schwierig, und ich wollte, dass es für alle Seiten gut abläuft.

Durch die Abtrennung konnten alle entspannen.

Als zusätzliche Maßnahme habe ich mit ihm Maulkorbtraining gemacht und einen gut sitzenden Maulkorb aus Stahl besorgt, in dem er hecheln, trinken und fressen kann. Außerdem habe ich ein Ofengitter von zuhause mitgenommen. Das habe ich bereits in meiner Wohnung als Abgrenzung eingesetzt – z. B., damit mein Kater in Sicherheit war und damit ich die Hunde bei Bedarf trennen konnte. Das kannte Yuno also schon und hatte damit kein Problem.

Bei meinen Eltern angekommen, wurde als Erstes das Gitter aufgebaut – und Yuno hatte im hinteren Teil des Wohnzimmers seinen sicheren Bereich. Ich war also auf (fast) alles vorbereitet und hoffte, dass es gutgehen würde. Yuno hat meine Erwartungen sogar übertroffen. Dadurch, dass er »seinen« Bereich hatte, konnte er sich gut entspannen und hatte auch kein Problem damit, wenn meine Eltern direkt neben seinem Bereich auf dem Sofa saßen. Am Abend konnte er sich sogar frei im Haus bewegen – solange niemand etwas von ihm wollte, war ihm das egal. Natürlich habe ich ihn trotzdem immer gesichert, wenn sich jemand durchs Haus bewegt hat, denn Sicherheit geht immer vor.

Zum Schlafen sind wir in die Ferienwohnung gefahren, haben dort am nächsten Morgen eine gemütliche Runde gedreht und waren zum Frühstück wieder bei meinen Eltern. Tagsüber sind wir gemeinsam spazieren gegangen, und auch das lief ab dem zweiten Tag schon sehr gut.

»Trainiert« haben wir dabei nicht nach einem bestimmten Schema. Ich habe ihn für alles gelobt, was gut funktioniert hat, und habe ihn aus den Situationen herausgenommen, die er noch nicht geschafft hätte. Und natürlich läuft das Lernen sowieso die ganze Zeit quasi nebenbei. Hunde (und Menschen) lernen immer!

Durch Yuno habe ich in den letzten Jahren unglaublich viel lernen dürfen. Ich habe erlebt, wie viel möglich ist, wenn man den Hunden den Raum gibt, den sie brauchen. Ich habe enorm viel über hündische Kommunikation gelernt – Yuno ist sehr klar und gleichzeitig fein in seiner Körpersprache. Und ich habe einmal mehr verstanden, dass es nie um die eine Trainingstechnik geht, sondern immer um ein gutes Zusammenleben mit dem Hund und das Wissen, was deine Hunde wirklich brauchen.

Foto: Sigrid Meissner

Auf Augenhöhe mit meinen Hunden

Mein Weg

Heutzutage gibt es unzählige Möglichkeiten, sich über Hundetraining zu informieren, und ebenso viele Methoden. In diesem Buch habe ich über einige Trainingsansätze geschrieben und erklärt, was sie mit Hunden und Menschen machen – in der Hoffnung, dass du dir selbst ein besseres Bild machen kannst, um im Sinne deines Hundes zu entscheiden. Ich habe selbst vieles ausprobiert und bilde mich immer noch regelmäßig fort. Ich bin im Austausch mit Kolleginnen und stelle mich und mein Training immer wieder in Frage. Und das ist heute mein Weg:

Ich schaue mir den Hund an – und den Menschen an seiner Seite. Gemeinsam suchen wir nach dem, was wirklich passt. Ich arbeite mit dem, was *da* ist – nicht mit dem, was »eigentlich« sein sollte. Bevor ich Verhalten verändern will, versuche ich zu verstehen, warum es da ist. Ich frage nicht: *Wie bekomme ich das weg?* Sondern: *Was steckt dahinter? Was braucht der Hund, um sich anders zu verhalten? Und was wünscht sich der Mensch?*

Ich glaube an Beziehung. An kleine Schritte. An Wiederholung, Geduld, Freundlichkeit. An echtes Lernen – sowohl bei den Hunden als auch bei uns Menschen. Denn ohne das andere

Ende der Leine geht es nicht. Wenn ich den Menschen außen vor lasse, komme ich im Training nur bis zu einem bestimmten Punkt, aber nicht weiter. Ich betone immer wieder: Training findet immer statt. Es reicht nicht aus, meine Trainingswerkzeuge einzusetzen, wenn ich im Alltag trotzdem immer wieder über die Grenzen meines Hundes gehe.

Je besser ich im Alltag mit meinen Hunden lebe und sie verstehe, desto besser wird die Beziehung. Das heißt nicht, dass ich keine Grenzen setze. Aber ich überlege mir genau, welche Grenzen sinnvoll sind und wie ich sie setzen kann. Ich hinterfrage immer wieder die Motivation hinter jedem Training: Brauche ich das Verhalten für mich (was in manchen Bereichen auch völlig in Ordnung ist), sind das Erwartungen der Gesellschaft an Hundehaltung oder geht es meinem Hund dadurch wirklich besser?

Für mich ist klar, dass ich nur noch bedürfnisorientiert mit Hunden arbeiten werde und dafür alle Tools der positiven Verstärkung nutze, die mir zur Verfügung stehen. Da das, was als Strafe empfunden wird, immer vom Empfänger definiert wird, kann ich in keinem Training komplett ohne solche Erfahrungen auskommen. Wenn ich meinen Hund an der Leine sichere, damit er nicht zu einem anderen Hund laufen kann, ihn aus einem Spiel hole und nach Hause gehe, oder wenn ich ihn versehentlich anrempele, weil er mir in den Weg läuft – all das kann vom Hund als Strafe empfunden werden. Wenn ich im Begegnungstraining Erleichterung als Verstärker einsetze, zum Beispiel indem wir uns von einem anderen Hund entfernen, arbeite ich im Lernquadranten der negativen Verstärkung. Was ich jedoch nicht tue: positive Strafe als Trainingsmaßnahme anwenden. Das ist für mich absolut tabu.

Ich glaube nicht daran, dass immer alles harmonisch verläuft, aber ich glaube daran, dass wir mit gegenseitigem Respekt durch alle Phasen kommen können. Ich arbeite nicht daran, aus Hunden perfekte Begleiter zu machen, sondern daran, dass Mensch und Hund sich besser verstehen und gemeinsam wachsen.

Für mich gehört zum Training immer dazu, die Lebensumstände zu betrachten: Wie sieht dein Alltag aus? Was ist realistisch? Welche Möglichkeiten hast du überhaupt, Veränderungen umzusetzen? Ich glaube nicht an »den einen Weg«, sondern an den Weg des individuellen Teams. Deshalb versuche ich immer, die einfachste Lösung zu finden – nicht die theoretisch perfekteste. Denn je komplizierter eine Methode ist, desto unwahrscheinlicher ist es, dass sie im Alltag wirklich umgesetzt wird.

Gutes Training bedeutet für mich, Menschen zu begleiten, ihnen zu erklären, *warum* ihr Hund sich so verhält, wie er es tut, und ihnen das Wissen mitzugeben, mit schwierigen Situationen eigenständig umgehen zu können. Dafür muss ich manchmal Menschen aus ihrer Komfortzone holen – und Hunde an ihre Wohlfühlränder führen. Aber immer so, dass es tragbar bleibt: immer mit Blick auf Sicherheit, Ressourcen und Beziehung.

Foto: Simone Nettingsmeier

Ich sehe Hunde nicht als Gegner, sondern als eigenständige Persönlichkeiten – mit eigenen Bedürfnissen, Gefühlen und Grenzen.

Denn meine Erfahrung ist: Wenn man den Druck rausnimmt – bei den Hunden und bei den Menschen – dann löst sich ganz viel von selbst. Und manches muss sich vielleicht gar nicht auflösen. Vielleicht darf auch manches einfach so bleiben, wie es ist. Ich glaube nicht, dass es im Training nur ein »richtig« oder »falsch« gibt. Aber ich glaube, dass es einen großen Unterschied macht, wie wir mit unseren Hunden umgehen.

Zum Abschluss ist mir noch eines wichtig: Achte auf deinen Hund – und achte auf dich selbst. Umgib dich mit Menschen, die ebenfalls freundlich mit ihren Hunden umgehen, denn dann fällt es dir selbst viel leichter, diesen Weg zu gehen. Auch wir Menschen sind soziale Tiere: Wenn wir nur von Menschen umgeben sind, die unfair und gewaltvoll mit Tieren umgehen, tendieren viele dazu, dieses Verhalten als richtig zu übernehmen.

Der Druck innerhalb einer Gruppe ist nicht zu unterschätzen. Wenn alle um dich herum anders denken, versuchen wir als soziale Wesen, uns einzufügen. Vielleicht haben ja alle anderen recht, wenn ich die Einzige bin, die anders denkt? So kann es geschehen, dass wir Dinge tun, die wir sonst nie machen würden, wenn wir uns nicht diesem Gruppendruck aussetzen würden.

Handle immer im Sinne deines Tieres. Lass dir nicht einreden, dass ein Hund ein bestimmtes Verhalten auf gar keinen Fall zeigen darf und dass es sofort unterdrückt werden muss. Hör wieder mehr auf dein Bauchgefühl und brich ein Training ab, das weder dir noch deinem Hund guttut. Lerne, deinen Hund zu lesen und zu verstehen, und gestehe ihm seine Wünsche und Bedürfnisse zu. Lass ihn wieder mehr Hund sein – und weniger funktionierendes Statussymbol. Und denk immer daran: Dein Hund ist auf dich angewiesen. Er hat keine Wahl, ob und wie du mit ihm trainierst und was andere Menschen mit ihm tun. Du bist verantwortlich für das Leben, das dein Hund lebt. Und das sollte ein gutes Leben sein!

SCHLUSSWORT

Beim Lesen der persönlichen Geschichte von Anja erinnerte ich mich an meine Anfänge vor über 30 Jahren, die mir meine erste Hündin Dehschat, ein Saluki, wirklich leicht gemacht hat. Doch wie oft habe auch ich gesehen, wie mit Hunden nicht freundlich oder sogar aversiv umgegangen wurde – und wird! Sich immer wieder einmal vor Augen zu führen, wieviel mehr man mit Geduld, Zuwendung und auch Verständnis für den eigenen Hund erreichen kann, dabei hilft dieses Buch ungemein. Anja versteht es, sowohl Neulinge als auch Erfahrene durch die Flut der Möglichkeiten zu navigieren, wie wir unseren Hunden gerecht werden, ohne schlechtes Gewissen oder das Gefühl, etwas nicht richtig zu machen.

Wie gut, dass die Zeiten im Hundetraining sich gewandelt haben und Anja uns ohne Dogma oder Grenzen zeigt, wie wir davon profitieren können.

Susanne C. Steiger, *Chefredakteurin* **DER HUND**

Viel Freude wünscht das Team von DER HUND Wissen